Dr.-Ing. Peter Greschke ● Gerda Greschke-Begemann
Keine Angst vor Industrie 4.0
Digitalisierung als Chance für humane Arbeit

Dr.-Ing. P. Greschke und Gerda Greschke-Begemann

Keine Angst vor Industrie 4.0

Digitalisierung als Chance für humane Arbeit

Bibliografische Information der Deutschen Nationalbibliothek:
Die Deutsche Nationalbibliothek verzeichnet diese Publikation
in der Deutschen Nationalbibliografie; detaillierte
bibliografische Daten sind im Internet über www.dnb.de
abrufbar.

© 2017 Gerda Greschke-Begemann Dr.-Ing. Peter Greschke

Herstellung und Verlag: BoD – Books on Demand,
Norderstedt

ISBN: 978-3-7460-3076-0

Inhalt

Einführung

Die im vorliegenden Buch beschriebenen Überlegungen und Lösungsvorschläge zur Gestaltung einer digitalen Arbeitswelt beziehen sich explizit auf die industrielle Produktion von physischen Gütern. Dabei wird das Marktumfeld unserer kapitalistischen Gesellschaften weiterhin vorausgesetzt und analysiert, allerdings mit dem Anspruch, zu erwartende bzw. wünschenswerte Veränderungen mitzudenken. Dieses Buch soll mit seinem Praxisbeispiel einen konkreten Beitrag leisten zur menschengerechten Umsetzung der digitalisierten Arbeitswelt in der Industrieproduktion unter den aktuell herrschenden Bedingungen.

Die Problematik der digitalen Kommunikation mit Datenerfassung und -Nutzung durch global dominante, oligopolistische Informationsverwerter ist den Autoren sehr wohl bewusst. Die dort konzentrierte Finanz- und Marktmacht bedürfte nochmals einer gesonderten Betrachtung mit kritischer Bewertung des dort erzeugten Mehrwertes und der Besteuerung aller Unternehmensgewinne.

Dieses Buch zeigt, dass wir als Gesellschaft immer noch Herr im Haus der Industrie 4.0 sein können und dass Digitalisierung kein unverbrüchliches Dogma außerhalb unserer Gestaltungskraft ist.

Die Überlegungen und Lösungsvorschläge richten sich an Fachkräfte und Entscheider in Produktionsunternehmen sowie an Journalisten und alle, die wissen wollen, wie die Schlagwörter Digitalisierung bzw. Industrie 4.0 mit Inhalt und menschlicher Perspektive gefüllt werden können.

Für eine bessere Lesbarkeit des Textes wurde auf die geschlechtsspezifische Ausformulierung bei Begriffen wie Arbeiter, Manager oder Arbeitnehmer verzichtet. Mit der kurzen Grundform sind in diesem Buch genderunabhängig immer alle betroffenen Menschen gemeint.

Definitionen

Zum besseren Verständnis sollen zunächst kurz die wesentlichen Definitionen und Begrifflichkeiten erläutert werden, die im Folgenden von besonderer Bedeutung sind:

Arbeitsinhalte: Bezeichnung für die notwendigen Arbeitsaufwendungen zur Herstellung eines Produktes.

Fertigungszeit (F-Zeit): Bei der Fertigungszeit handelt es sich um die Maßeinheit der Arbeitsinhalte. Die für einen Montageschritt benötigte Arbeit lässt sich nur schwer mathematisch ausdrücken. Anstatt die eigentliche Arbeit zu ermitteln, greift man auf den Zeitwert zurück, der zur Abarbeitung der jeweiligen Montagearbeit notwendig ist. Als Bezugssystem dient die Leistungsfähigkeit eines durchschnittlichen Mitarbeiters. Eine Minute F-Zeit zum Beispiel ist die Menge an Arbeitsinhalten, die ein durchschnittlicher Mitarbeiter in einer Minute ableisten kann.

Arbeitsschritte oder Prozessschritte: Hierbei handelt es sich um die kleinste Einheit von Arbeitsinhalten.

Arbeitspakete: Ein Arbeitspaket beinhaltet eine größere Anzahl an aufeinanderfolgenden Arbeitsschritten und ist in der klassischen Linienfertigung einer Arbeitszelle zugeordnet.

Arbeitszellen: In der Linienmontage ein definierter Bereich, dem ein oder mehrere Mitarbeiter sowie ein spezifisches Arbeitspaket zugeordnet ist. Üblicher ist der Begriff „Arbeitsstation“ oder „Takt“. Um im Text keine Missverständnisse entstehen zu lassen, wird jedoch möglichst auf diese beiden unscharfen Begriffe verzichtet.

Taktzeit: Mit Taktzeit wird die einheitliche Verweildauer des Produktes an jeder Station in einer klassischen Linienfertigung bezeichnet. Die Taktzeit ist dabei (nach Bokranz, s.d.) als jener Zeitbedarf definiert, der in einer zeitlich gebundenen Abfolge für das Erstellen einer definierten Aufgabe zur Verfügung steht.

Takt: Sowohl in der Praxis als auch in der produktionswissenschaftlichen Literatur hat der Begriff „Takt" ähnliche und doch unterschiedliche Bedeutungen. So ist der Takt zum Beispiel gleich zu setzten mit der individuellen Taktzeit einer Station, der einheitlichen Taktzeit des Produktionssystems oder steht für eine Arbeitsstation in der getakteten Fertigung. Um es übersichtlich zu halten, wird hier auf den singulären Begriff „Takt" weitgehend verzichtet, solange nicht eine Unabhängigkeit von Taktzeiten gemeint ist.

Kundentakt: Der Kundentakt resultiert aus der tatsächlichen Kundennachfrage. Er beschreibt die Taktzeit, die ein Produktionssystem erfüllen muss, um genau entsprechend der Nachfrage zu produzieren.

Prozesszeit: Die Fertigungs-Zeit, die ein einzelnes Arbeitspaket oder ein Arbeitsschritt benötigt, wird hier als die Prozesszeit definiert.

Fließfertigung: In der standardmäßigen Fließfertigung sind alle Arbeitspakete und Arbeitsstationen in einer festgelegten Abfolge aufeinander abgestimmt und angeordnet. Der Materialfluss kann getaktet (Linienfertigung) oder ungetaktet (Reihenfertigung) ausfallen.

Linienfertigung: Die Linienfertigung oder Fließbandfertigung ist eine zeitlich synchronisierte Fließfertigung. Der Materialfluss ist getaktet und die Arbeitsinhalte (und Prozesszeiten) passend synchronisiert. Üblicherweise wird dabei ein einheitlicher Materialfluss nach dem Pull-Prinzip aufrechterhalten.

Überlegungen zu den aktuellen Problemstellungen

Digitale Evolution: Science-Fiction wird Realität

Roboter bewältigen Alltagsaufgaben für Hilfsbedürftige und übernehmen Aufgaben der Altenpflege. Blinde können wieder "sehen" und intelligente Prothesen ersetzen verlorene Fähigkeiten. 3-D-Drucker erzeugen fertige Teile, für deren Produktion früher mühsam manuell Werkzeuge gedreht oder gefräst werden mussten. Was zum Ende des vergangenen Jahrhunderts noch als digitale Revolution erschien, hat sich längst als Informationstechnologie etabliert. Die digitale Technik hat nahezu alle Lebensbereiche durchdrungen und nachhaltige Strukturveränderungen in Wirtschaft, Technik und Wissenschaft, aber auch bei der Organisation unseres Sozialwesens ausgelöst.

Bei den erfolgten Systemveränderungen kann längst nicht mehr von einer Revolution gesprochen werden im Sinne eines Ereignisses, das abrupt und gegen den Willen der Gesellschaft die Strukturen der Zukunft verändert und durchdrungen hat. Eher schleichend hat sich die Digitalisierung im Alltag durchgesetzt und zunächst waren die Arbeits- und Kommunikationserleichterungen der Informationstechnologie auch hoch willkommen. Der Vergleich zu vergangenen industriellen Revolutionen kann aber insofern herangezogen werden, dass auch jetzt eine technische Erneuerung mehr oder weniger erzwungene, revolutionsartige Anpassungen der Arbeitswelt ausgelöst hat.

Beim digitalen Wandel unserer Systeme hat es sich aber keineswegs um illegale oder gewaltsame Umbrüche wie bei einer politischen Revolution gehandelt, selbst wenn die Entwicklung rasant war und immer noch rapide verläuft. Für die ständige Weiterentwicklung von Ausprägungen digitaler Technik erscheint der Begriff Evolution korrekter als der Terminus Revolution, selbst wenn das Tempo der Veränderungen in unserer Gesellschaften neuartige, wenig vorhersehbare Situationen bewirkt, für deren Bewältigung wir immer wieder angemessene Lösungen finden müssen.

Trotzdem ist nicht recht nachzuvollziehen, warum im Zusammenhang mit der deutschen Bundestagswahl 2017 der Begriff Digitalisierung gebetsmühlenartig als Schlagwort für ungelöste Zukunftsaufgaben ständig wiederholt wurde, denn die Digitalisierung hat doch längst unsere Produktionsweisen, Dienstleistungen und das Alltagsleben verändert. Wie alle innovativen Technologien wird sie sich weiter ausprägen und verbreiten, soweit sich menschliche Tätigkeiten in Algorithmen und Programme überführen lassen und die entsprechenden Investitionen kostengünstiger sind als entlohnte menschliche Arbeit. Gerade deswegen ist sie keine unkalkulierbare, unheimliche Bedrohung, wie es dem Wähler insbesondere aus der neoliberalen und konservativen Ecke eingeredet werden soll, sondern sie muss und kann gestaltet und auch kontrolliert werden.

Digitalisierung als Menetekel an eine ideologische Wand zu malen, um die Bürger in eine schicksalsergebene Schockstarre zu versetzen, ist verantwortungslos. Es drängt sich der Verdacht auf, dass damit der Wunsch des arbeitenden Menschen ausgehebelt werden soll, seine eigenen Arbeits- und Lebensbedingungen mitzugestalten.

Politik muss stattdessen kluge Rahmenbedingungen setzen für Möglichkeiten von Einflussnahme und Regulierungen der technischen Möglichkeiten. Nicht Panikmache ist angesagt, sondern die Nutzung der neuen Technologien zum Empowerment (übersetzt etwa: Ermächtigung zu Selbstkompetenz) des Menschen. Darunter verstehen wir eigene Gestaltungsmöglichkeiten und Selbstorganisation durch Entscheidungsbefugnisse und Zugang zu Informationen, um eine befriedigende Selbstbestimmung sowohl bei der Arbeit als auch in der Freizeit zu erreichen.

Innovative Startups und Mittelständler haben die digitalen Entwicklungstrends früher erkannt und realisiert als die weniger flexiblen Konzerne, darum war ein spezialisierter Mittelstand zunächst Vorreiter in der Entwicklung und dem Gebrauch der neuen Technologien. Dass Tesla aus den USA und chinesische Automobilprodukte eine ernst zu nehmende Konkurrenz für unsere großen Automobilhersteller im Segment alternativer Antriebe und Elektro-Mobilität geworden sind, oder dass Apple und Google inzwischen Autos bauen, hätte vor zehn Jahren niemand prophezeit.

Beim Produkt Auto zeigen sich deutlich die hohe Innovationskraft und Entwicklungsgeschwindigkeit der neuen Technologien. Gerade weil das Auto ein technisch sehr komplexes Massenprodukt ist, wurde es von einem unter vielen Anwendungsobjekten der digitalen Transformation schnell zum relevanten technologischen Innovations-Treiber. Heute wundert es nicht mehr, wenn die Automobilindustrie mit Big Data Analytics und Telemetrie in einem Atemzug genannt wird. (Telemetrie ist die Übertragung von an anderer Stelle erhobenen Messwerten zum auswertenden bzw. anwendenden Gerät).

Auf den Entwicklungsschritt zum Elektrofahrzeug oder Brennstoff-zellen-Antrieb hatte die deutsche Schlüsselindustrie Automobilbau zuerst viel zu zögerlich reagiert und muss sich nun mächtig anstrengen, den technologischen Rückfall bei innovativen Antriebskonzepten und E-Mobilität aufzuholen.

Das alte Geschäftsmodell mit Verbrennungsmotoren schien lange in der deutschen Autoindustrie wie einbetoniert. Ob auch bei alternativen Antriebskonzepten noch einmal die gewohnte Marktführerschaft in Deutschland erreicht wird, ist mehr als ungewiss. Immerhin haben inzwischen auch die führenden deutschen Automobilkonzerne den Nutzen digitaler Vernetzungen erkannt und forschen bzw. entwickeln zusammen mit spezialisierten IT-Unternehmen auf gemeinsamen Plattformen.

Angesichts des technologischen Wandels überrascht es nicht, dass sogar die politischen Akteure seit Ende 2012 darauf drängen, alle Produktionsverhältnisse digital zu modernisieren, um damit unseren Wirtschaftsstandort effizient zu sichern. Deutschland hatte sich offenbar ein wenig zu lange auf seine bewährten Methoden der

Industrieproduktion und den Export der durchaus hochwertigen Güter konzentriert, zu wenig wurde investiert in die Forschung bzw. Anwendung digitaler Technologien. Daher steht seit einigen Jahren die Forderung im Raum, die Möglichkeiten der digitalen Entwicklungen konsequent in der Industrieproduktion umzusetzen und ein innovativ klingender Oberbegriff wurde dafür fixiert: **Industrie 4.0.**

Gemeint ist damit eine sich möglichst selbstorganisierende Produktion, bei der die Menschen, Maschinen, Anlagen, Logistik und Produkte per Digitalisierung direkt miteinander kommunizieren und kooperieren. Durch die Vernetzung sollen nicht nur einzelne Produktionsschritte, sondern die gesamte Wertschöpfungskette und der Produkt-Lebenszyklus optimiert werden. Dies umfasst den kompletten Prozess von der Idee über die Entwicklung, Fertigung, Nutzung und Wartung bis hin zum Recycling.

Im Rahmen dieses von der Bundesregierung ausgerufenen Programms wurden nun großzügig Forschungsgelder freigegeben, um Anwendungsbereiche und –Methoden der Digitalisierung auszuloten. Die Bezeichnung Industrie 4.0 sollte in diesem Zusammenhang eine vierte industrielle Revolution andeuten und im Programm finden sich auch Formulierungen, die die Ziele einer zukunftsorientierten Produktion definieren.

Die Anforderungen an ein innovatives Produktionssystem lassen sich zusammenfassen in Forderungen nach:

- Intelligenter Produktionstechnik
- Hoher Automatisierung
- Kollaborativer Arbeitsorganisation
- Sicherung des Standortes Deutschlands

Insbesondere die Sicherheit für den Produktionsstandort Deutschland steht hier im Mittelpunkt, um der zunehmenden Globalisierung zu begegnen.

Aber um welche Aspekte der Industriearbeit soll es eigentlich gehen bei der digitalen Modernisierung? Aus der breiten Diskussion in den Medien ist im gesellschaftlichen Bewusstsein vorrangig leider nur der Aspekt von Einsparung menschlicher Arbeit angekommen. Kein Wunder, dass Arbeitnehmer Angst um ihre Arbeitsplätze haben und dass die Gewerkschaften als ihre Interessenvertretungen besorgt sind, weil sie Einfluss und darum auch Mitglieder verlieren.

Die öffentlich postulierten Vorhersagen zur neuen digitalen Arbeitswelt folgen kritiklos den neoliberalen Wünschen nach einer Wirtschaft mit einem Arbeitsmarkt aus Einzelkämpfern. Diese sollen sich in innovativen Technikbereichen weiter qualifizieren und dann als Spezialisten uneingeschränkt flexibel ihren kurzfristigen Auftraggebern anbieten. Nach Erledigung eines Jobs müssen sie halt andere Aufträge finden.

Wie und ob unter solchen Bedingungen Familien mit Kindern leben können, interessiert die neoliberale Wirtschaft nicht. Zwar existiert die beschriebene Art von freiberuflichen Jobs schon lange und es wird sie auch weiterhin geben, doch eine Ausweitung kann für funktionierende Gesellschaftsstrukturen nicht wünschenswert sein. Die sozialen Herausforderungen einer digitalen Welt müssen anders beantwortet werden.

Das Ausnutzen der schnellen Rechenkapazitäten und die Anwendung selektiver Algorithmen geschehen bereits, seitdem das digitale Zeitalter vor etwa drei Jahrzehnten anbrach. Der Einsatz dieser Möglichkeiten war bald nicht nur auf Kommunikation, Datenspeicherung und Distributionssysteme wie z.B. Onlineshops oder auf Logistiklösungen beschränkt, sondern ermöglichte ebenfalls einen Beschleunigungsschub der automatisierten Industrieproduktion.

Die technischen Anwendungen in allen Produktionsbereichen entwickeln sich immer noch mit hohem Tempo und parallel zu jenem Fortschritt, den wir hier als „Digitale Evolution" bezeichnen. Ingenieure und IT-Spezialisten basteln an immer weiterführenden Implementierungen der kleinen Chips mit den unendlich scheinenden Möglichkeiten. Unser Alltag wird von digitaler Technik bereits so weitgehend durchdrungen, dass dies von vielen schon als Fremdsteuerung und lästige Kontrolle empfunden wird.

Aktuelle Beispiele reichen von ausgeklügelten Energie-, Sicherheits- und Komfortsteuerungen oder Informationssystemen in Armbanduhrgröße im privaten Bereich über Datenaustausch, Analysen, Diagnosen, Therapien und sogar Pflegeleistungen im Gesundheitsbereich sowie über digital gesteuerte Automaten in der Industrieproduktion bis hin zu autonomen, fahrerunabhängigen Mobilitätskonzepten. Kommunikationssysteme erfassen und verarbeiten unsere Bewegungsprofile und digitalen Fotos, präsentieren uns Sehenswürdigkeiten oder erzeugen automatisch "maßgeschneiderte" Werbung. Es kann getrost davon ausgegangen werden, dass die oben genannten sowie viele weitere Anwendungen in naher Zukunft so ausgestaltet sind, dass selbst Hundertjährige die zugehörigen Steuerungen und Module handhaben bzw. sprachlich steuern können.

Allerdings verunsichert die rapide Transformation unserer Alltagsumgebung viele Menschen, weil die alten Erfahrungsmuster der Anschaulichkeit und des im Wortsinne „Erfassens" der Funktionsteile in Maschinen und Geräten kaum noch möglich sind. Viele Ältere, die nicht mit der Logik des Digitalismus aufgewachsen sind, haben entsprechende Anpassungsschwierigkeiten.

Hinzu kommt die Abhängigkeit dieser Technik von einer dauerhaft gesicherten Energieversorgung, die eine unbedingte Grundlage der neuen digitalen Gesellschaft ist. Wenn Türen, Fenster oder z.B. Kühlschränke sich in Zukunft vielleicht nicht mehr manuell öffnen lassen, sind neue, durch Digitaltechnik verursachte Situationen menschlicher Hilflosigkeit absehbar. Dieses Angewiesen-Sein auf externe, nicht menschliche Energie darf neben der Gefahr durch von außen eindringenden Manipulationen (Hacken der Software) durchaus als größtes Risiko in digitalen Gesellschaften bewertet werden. Weil schon Cyber-Angriffe auf Industriebetriebe, politische Instanzen und Verwaltungen erfolgten, ist das Bewusstsein der IT-Spezialisten für diese Risiken zwar geschärft, aber der Durchschnittsanwender digitaler Kommunikations-Technik blendet solche Gefahren gerne aus. Es lässt sich eben schwer leben mit dem dauernden Bewusstsein einer Bedrohung, für die der Einzelne keine Bewältigungsstrategie hat. Dennoch sind die Cyberrisiken allgegenwärtig und Hacker-Angriffe wachsen jährlich exponentiell.

Viel konkretere und existenzielle Sorgen jedoch macht sich die in der Industrie beschäftigte Arbeitnehmerschaft. Als besonders gefährdet gelten Arbeitsplätze mit nur repetitiven oder kontrollierenden Aufgaben. Hier wächst die Befürchtung der Arbeitnehmer, dass ihre menschlichen Fertigkeiten bald nicht mehr benötigt würden, sondern ein Automat (fast) alle Aufgaben erledigt.

Daher muss insbesondere auch diesen Menschen eine Zukunftsperspektive erhalten bleiben, wenn die technischen Umbrüche nicht zu unkalkulierbaren gesellschaftlichen Brüchen führen sollen. Wir müssen Produktionsweisen entwickeln, die neuen Wirtschaftsmaximen und anderen Ausprägungen von Wachstum standhalten können, ohne die menschliche Arbeit abrupt abzuschaffen. Eine Option dazu bietet die weiter unten beschriebene Matrix-Produktion.

Digitalisierung hat unser Leben längst durchdrungen und in vielen Aspekten erleichtert, dennoch werden die Ängste vor den Auswirkungen durch entsprechende Berichte in allen Medien noch verstärkt. Ein Wegfall unzähliger Arbeitsplätze wird prognostiziert, anstatt darüber nachzudenken und Konzepte zu entwickeln, wie wir die neuen Möglichkeiten positiv für möglichst alle Mitglieder unserer modernen Gesellschaften nutzen können. Digitalisierung kann neue, bessere Arbeit bereitstellen. Sie wird gleichzeitig zu veränderten, komplexen Arbeitsfeldern führen, für die allerdings Qualifizierungen erforderlich sind.

Die zwei Seiten der Medaille

Die Anwendung und Umsetzung der digitalen Optionen bergen riesige Potenziale für Arbeitserleichterung, Produktion, Informationsverknüpfung, Kommunikation, Energie-Management, elektronische Darstellung und Gestaltung oder ultraschnelle Rechenoperationen und vieles mehr, aber diese Fortschritte konkurrieren mit diversen Risiken. Für die Entscheidung, wo und bis wohin die Möglichkeiten der Informationstechnologie genutzt werden sollten, sind immer auch die nachteiligen Aspekte abzuwägen.

Die Vorteile der digitalen Evolution werden überall dankend angenommen, als die bekanntesten Beispiele im Alltag können beispielhaft derzeit genannt werden:

- Neue Kommunikationsmittel und –Methoden verbinden Menschen an fast jedem Ort der Welt
- Der Zugriff auf Informationen ist zeitgleich mit dem jeweiligen Geschehen möglich
- Es entwickelt sich ein schnell verfügbares, kollektives Wissen
- Forschung und Entwicklung beschleunigen sich durch den Wegfall individuell zu leistender langwieriger Rechenoperationen, die der Computer zuverlässiger und schneller erledigt
- Digitale Güter können und müssen nicht künstlich verknappt werden, das neue Gemeingut Information macht neue Formen von Eigentum denkbar
- Medizinische Diagnosetechniken und Zusammenführung der Daten können den Patienten deutlich nutzen
- Elektronische Navigation sichert die schnelle, räumliche Orientierung
- Datengenerierung und -Austausch ermöglichen abgestimmte Verkehrskonzepte

- Autos sind „intelligent" geworden: Das optische Messen und Erfassen von Informationen, ihre sofortige Transformation zu digitalen Daten, die verknüpft und ausgewertet werden, haben enorme Sicherheitspotenziale bei der individuellen Mobilität freigesetzt
- Arbeit für Dokumentation und Verwaltung wurde auf ein -im Vergleich zum letzten Jahrhundert- luxuriöses Niveau gehoben und immens erleichtert
- Produktion und viele Dienstleistungen haben sich beschleunigt bei gleichbleibend hohen Qualitätsstandards
- Elektronisch gesteuerte Geräte entlasten von körperlich schwerer Arbeit
- Maschinen und Geräte sind sicherer geworden
- Durch digital-basierte Steuerungen ist die Energie-Effizienz sowohl in der Produktion, in den Haushalten und bei der Mobilität erheblich angestiegen und führte im einzelnen Anwendungsfall zu beachtlichen Einsparungen
- Logistikkonzepte sind hochgradig flexibel geworden, die Distribution von Waren ist gewissermaßen auf Abruf möglich
- Warenproduktion kann unmittelbar entsprechend der Nachfrage aufgenommen werden (bekanntes Beispiel ist die Buchproduktion, die nach Bestellung erfolgt)
- Online-Shopping bietet eine immense Produktauswahl, ermöglicht umfangreiche und schnelle Preisvergleiche sowie den Kauf per Mausklick.
- Zahlungsverkehr erfolgt unkompliziert und schnell
- Sprachsteuerungen bedienen Geräte im Haushalt, schalten wunschgemäß Beleuchtung und Heizung oder liefern Informationen, Unterhaltung, Musik usw.
- Zahllose berufliche Tätigkeiten können inzwischen von zuhause erledigt werden
- Es entwickeln sich neue Berufsbilder und Tätigkeitsfelder

Diese Art von Erleichterungen, Verbesserungen, Modernisierungen und Einsparungen im Alltag werden von der Mehrheit als Fortschritt wahrgenommen und gerne akzeptiert. Skepsis und Sorge bereiten hingegen die unvermeidlich damit verknüpften Nachteile der zunehmenden Digitalisierung, einige Beispiele zeigt die folgende Aufzählung.

- Datensicherheit: Informationstechnologien erfassen und speichern massenhaft Daten. Riesige Pools von gespeicherten Daten erzeugen den gläsernen Menschen – es entstehen berechtigte Ängste vor „Big Data"
- Arbeitsbelastung: Digitales Arbeiten wird mit Überwachung, Druck und Stress assoziiert
- Arbeitsentfremdung: digitale Basisdaten für Automatisierungen, Synergien oder Ressourcenersparnis sind vom Beschäftigten im Allgemeinen nicht mehr nachvollziehbar und können den Arbeitnehmer überfordern
- Berufliche Anforderungen steigen: Das Arbeitsleben zwingt zunehmend und ständig zum Lernen und zur schnellen Anpassung an sehr dynamische Veränderungsprozesse
- Zeitsouveränität: Home-Office und Smartphones lassen bei vielen Berufstätigen keinen echten Feierabend mehr zu, eine dauernde Verfügbarkeit wird vorausgesetzt
- Digitale Ausbeutung: Eine neu entstandene Internetplattform-Ökonomie hat allein in Deutschland zwei Millionen sozial ungesicherte und nicht sichtbare "Clickworker" hervorgebracht, die ihre Arbeit für teilweise erbärmliche Honorare verkaufen müssen
- Arbeitsschwund: Eine Vielzahl standardisierter Arbeitsprozesse wird von Automaten bzw. elektronisch gesteuerten Geräten und Werkzeugen übernommen. Durch digitale Datenverarbeitung entfallen zahlreiche, bisher vom Menschen erledigte Arbeitsschritte
- Beruf und Privatsphäre: Arbeit auf Abruf und die absehbare Abschaffung geregelter Arbeitszeiten in einer digital vernetzten Berufswelt unterlaufen schon jetzt die Arbeitsschutzgesetze
- Cyberkriminalität: Sie hat sich hoch professionell und international entwickelt. Die Auswirkungen reichen von Sachschäden aufgrund manipulierter Anwendungsdaten über Zugriffe auf Bankdaten bis hin zum massenhaften Diebstahl von persönlichen Daten. Personenbezogene Datensätze können Informationsvorteile verschaffen, daher werden sie häufig

gestohlen und weiterverkauft. Bewusst herbeigeführte Überlastungen durch extremen Datenverkehr können Server ausfallen lassen mit kostspieligen, teilweise gefährlichen Konsequenzen für Unternehmen oder Verwaltungen.

- Energieproblematik: Die Abhängigkeit von Energieträgern bzw. –Lieferanten nimmt zu, denn die Digitaltechnik lässt eine ersatzweise mechanische Ausführung von Arbeiten nicht mehr zu. Der resultierende Ressourcenverbrauch der begrenzten fossilen Energien (Kohle, Gas, Öl) zwingt zur intelligenten Erzeugung und Nutzung erneuerbarer Energien (wie nachwachsende Pflanzenrohstoffe, Wind, Wasser, Sonne, wiederholbare Prozesse der Elementarphysik) unter Berücksichtigung aller betroffenen Systeme wie Ökologie, CO_2-Entwicklung oder die Beeinflussung physikalischer bzw. chemischer Prozesse unserer Umwelt. Zunehmend an Bedeutung gewinnt damit auch die Entwicklung von Energiespeichern, u.a. für die notwendige Elektromobilität.
- Globalisierungsprobleme: Informationstechnologien führten rasant zur globalen Vernetzung, daraus entstanden ist ein immer noch wachsender Konkurrenzdruck auf die regionalen Industrien und Arbeitnehmer. Datenvernetzung macht es den Herstellern immer leichter, Billiglöhne in anderen Ländern zu nutzen für einen höheren Output an Waren bei gleichen oder niedrigeren Kosten. Für Arbeits- und Ruhezeiten der Beschäftigten verfallen die Strukturen.
- Urheberrecht: Kreatives Schaffen und geistiges Eigentum verlieren an Wert durch illegales Kopieren und Verbreiten. Urheber werden um den Lohn ihrer Arbeit betrogen
- Verkehrsverdichtung: globale Warenströme und häufig wechselnde Arbeitsstätten bedingen zunehmende Transport- und Personenbeförderungsstrecken mit allen daraus resultierenden Belastungen von Umwelt und Menschen

Ein kluges und vorausschauendes Verständnis der digitalen Arbeitswelt und des Industrie 4.0-Projektes könnte viele der als bedrohlich empfundenen Auswirkungen nicht nur abfedern, sondern zu einer deutlichen Verbesserung der Arbeitswelt beitragen, ohne menschliche Arbeit überflüssig zu machen. Die Gewinne aus der Modernisierung müssen gerecht verteilt

werden und dürfen nicht nur den Unternehmen und Shareholdern zu Gute kommen. Leicht realisierbar wäre es, die durch Digitalisierung eingesparte Zeit den Beschäftigten für gesellschaftliche Teilhabe und das private Leben zur Verfügung zu stellen.

Und was ist nun Industrie 4.0?

Wenn man die IT-Hersteller und -Dienstleister fragt, ist Industrie 4.0 (auch: I4.0) genau das, was in diesen Firmen jeweils gerade gebaut bzw. entwickelt wird. Sie haben sofort ihre bereits bestehende Produktpalette als I4.0 definiert und den Begriff besetzt. Aber auch diverse andere Branchen beanspruchen für ihre Arbeiten bzw. Produkte das Label Industrie 4.0 schon deshalb, um an den großzügigen staatlichen Fördertöpfen partizipieren zu können. Sensorhersteller wittern das ganz große Geschäft und die Entwickler bzw. Hersteller automatisierter Anlagen sehen nur sich als die echten, wichtigen Umsetzer des Programms.

Universitäten sind genauso wie die Wirtschaft sofort darauf angesprungen und wollen ebenfalls auf die Budgets des I4.0-Projektes zugreifen. Sie verweisen auf ihre Forschungen in unterschiedlichsten Fachbereichen, egal wie phantasievoll ein Zusammenhang zu I4.0 hergestellt werden muss. Consultingfirmen bieten Dienstleistungen in Richtung Industrie 4.0 in ihren Portfolios wie selbstverständlich an. Wird nach Optimierungen gefragt, wird reflexartig auf eine digitale I4.0 verwiesen.

Im Fazit wurde eine große Menge Geld für ein noch nicht ausdifferenziertes Programm aufgewendet, hinter dem kaum irgendein konkretes Konzept stand. Industrie 4.0 war bisher eine uneinheitliche, schwammige Idee, vergleichbar einer lockeren Wolke, die sich erst allmählich zu einer klaren Form zusammenballt. Diese "Wolke" muss dringend mit Inhalten gefüllt werden, mit aussichtsreichen Konzepten und konkreter Realisation. Dann ist zu hoffen, dass am Schluss tatsächlich etwas entsteht, das dem Begriff Industrie 4.0 gerecht wird.

Doch wie sieht es nun in den Werkhallen der produzierenden Industrie tatsächlich aus? Mit Ausnahme von ein paar Leuchtturmprojekten hat die Digitalisierung keine umwerfenden

Veränderungen bewirkt. Die große Masse der Hersteller steht der I4.0 noch zurückhaltend gegenüber und das auch aus gutem Grund, denn für die Umsetzung der theoretischen Überlegungen und Entwürfe existieren viel zu wenige ausgereifte Lösungen in Form von Hardware. Das Zögern der produzierenden Gewerbe ist entsprechend verständlich.

Noch bevor die unterschiedlichen Aspekte und Möglichkeiten der industriellen Digitalisierung wirklich ausgelotet, geschweige denn, realisiert sind, beeilen sich manche politischen Parteien, die Entwicklung der Innovationen in eine einzige Richtung festzulegen. In Diskussionen und Talkshows bemühen sich solche Politiker, Arbeitsplatzabbau als zwingende, unvermeidbare Folge der Industrie 4.0 in den Köpfen des Publikums bzw. der Wähler zu installieren. Solche Manipulationen können bedenkliche gesellschaftliche Paradigmen zementieren. Die Entwicklungsrichtung ist aber nicht alternativlos, wir haben durchaus verschiedene Optionen.

Die politische Einsicht, neue Technologien auf ihre Möglichkeiten und Auswirkungen in der Industrie zu untersuchen, war grundsätzlich richtig. Aber bereits der Projektname „Industrie 4.0" anstatt "4. industrielle Revolution" scheint das gewünschte Ziel einer automatisierten Arbeitswelt vorwegzunehmen. Bislang wurde unter dieser Art Bezeichnung üblicherweise die Version einer Software verstanden. Von Software wird zuallererst erwartet, dass sie menschliche Arbeitsaufgaben noch weiter übernimmt. Darauf allein darf das Projekt I4.0 jedoch nicht reduziert werden. Kreativität ist gefragt, das ganze Spektrum der digitalen Optionen zum Nutzen der Gesellschaft auszuloten.

Alte Denkschienen verlassen – Innovation braucht neue Ideen

Sowohl das Schlagwort „digitale Revolution" als auch der Begriff Industrie 4.0 bedeutet prinzipiell nichts anderes als die Vernetzung von Daten, also die schnelle Verbindung und Weiterverarbeitung von Informationen. Dass Anteilseigner oder Inhaber von Produktionsbetrieben sofort das Potenzial der digitalen Technik für Zeitersparnis erkannt haben und begeistert auf diese Möglichkeit wirtschaftlicher Effizienzsteigerung reagierten, war nur logisch in einem Marktsystem, das auf steigenden Konsum und Wachstum zwingend angewiesen ist und gleichzeitig unter hohem, globalen Konkurrenzdruck steht.

Bisher bewirkt Zeitersparnis in der industriellen Fertigung generell nur, dass mehr Produkte in der gleichen Zeit hergestellt werden können. So entsteht ein Mehrwert. Dieser könnte entweder zur Reduzierung des Warenpreises führen, anstatt Fabrikstandorte in Billiglohn-Länder zu verlegen, oder er könnte an die Beschäftigten des Betriebes als bezahlte Arbeitszeitverkürzung, also als "Zeit-Wohlstand" weitergegeben werden. Aber leider kann dieser Mehrwert auch genutzt werden, um Arbeitsplätze abzubauen, also für den Unternehmer Kosten zu sparen und Gewinne zu steigern.

Diese letzte Option entspricht der Logik unseres kapitalistischen Wirtschaftssystems und sie setzt die Beschäftigten unter großen Druck.

Weil Waren bzw. Produkte am Markt aber immer ihre Konsumenten brauchen, wuchs zwangsläufig die Einsicht, dass die Verbraucher auch über entsprechende Geldmittel zum Kaufen der angebotenen Produkte verfügen müssen. Die große Masse der Menschen kann allerdings ausschließlich durch den Verkauf seiner Arbeitskraft das nötige Einkommen erzielen, um am Markt teilzunehmen. Wegfallende menschliche Arbeit, also Arbeitslosigkeit, ist letztlich kontraproduktiv, denn sie beschränkt mangels Kaufkraft den Konsum der Betroffenen auf das absolut Lebensnotwendige. Wenn der Binnenmarkt –und langfristig der gesamte globale Markt- für die Hersteller nicht wegbrechen soll, muss daher rechtzeitig gegengesteuert werden, das hat sogar der US-amerikanische Präsident Trump auf seine Weise erkannt. Allerdings gilt es, intelligente, langfristig tragende Konzepte zu entwickeln statt zweifelhafter Abschottungsmaßnahmen, die bei einer globalen Wirtschaftsvernetzung fehlschlagen müssen.

Die politischen Akteure sind in der Pflicht, der Unsicherheit ihrer Bürger entgegenzuwirken, die durch Globalisierung und Digitalisierung (nicht nur) von Produktion und Handel entstanden ist. Die Leute fühlen sich dem Wandel hilflos und ohne Gestaltungsmöglichkeit ausgeliefert. Sie haben den Eindruck, dass die Zukunft ihrer Kinder unsicher ist, während eine kleine Elite mit den Gewinnen aus der Digitalisierung vergleichsweise obszön ertragreiche Immobilien- oder Finanzgeschäfte betreibt.

Bestehende Wirtschaftsdoktrinen sind jedoch wandelbar, auch jene, die in europäischen Gesetzen festgeschrieben sind. Die Bürger können von ihrem Staat fordern, dass dieser für den Menschen und seine Lebensgrundlagen eintritt anstatt vorrangig für die Interessen der Finanzeliten. Dem zu beobachtenden Wandel des Menschenbildes entweder hin zu einem durchtrainierten Knecht der Wirtschaft oder andererseits zum sozial alimentierten Almosen-empfänger kann entgegengetreten werden.

Es muss klar werden, dass die Digitalisierung unseres Lebens kein unveränderliches Naturgesetz ist, sondern gestaltet werden kann. Denn es ist mehr als eine Richtung denkbar bei der Ausgestaltung von digitalisierter Produktionsweise, nicht bloß jene, die Arbeitsplätze abbaut und damit Unternehmensgewinne steigert.

Es darf also nicht darum gehen, mit dem Konzept der Industrie 4.0 die Arbeit abzuschaffen und damit gleichzeitig die Absatzmärkte zu schrumpfen, sondern im Gegenteil: Die Potenziale der Verknüpfung digitaler Informationsflüsse bieten die große Chance, nicht nur die Produkte und deren Herstellung unter bloßen wirtschaftlichen Aspekten zu optimieren, sondern auch die Arbeit und ihre Entlohnung grundlegend zu verbessern und neue Arbeitsplätze zu erschließen. Erst dann macht Industrie 4.0 Sinn für alle. Als ein neues Ziel ist zu formulieren, dass die Bedingungen der Produktion so verändert werden, dass Arbeit human wird, dass die Maschine sich dem Menschen anpasst, nicht umgekehrt, ohne dabei die Interessenslagen der Wirtschaft zu ignorieren.

Die Möglichkeiten zu einer derart definierten Veränderung sind gegeben, wenn wir genügend Mut haben, die gewohnten, alten Denkschienen zu verlassen. Die Idee der vernetzten Industrie 4.0 bietet sich dafür an, einen Paradigmenwechsel der Fabrikproduktion in Angriff zu nehmen. Wie das technisch funktionieren kann, wird später noch am Beispiel der Montage in der Automobilfertigung konkret gezeigt.

Ist menschliche Arbeit obsolet?

Wenn aktuell (2017) Wirtschaftswissenschaftler und selbst einige konservative Politiker in Betracht ziehen, allen Bürgern des Landes ein bedingungsloses Grundeinkommen zuzugestehen, weil angeblich bald nicht mehr genug Arbeit für alle vorhanden sei, zeigt dies nur die Hilflosigkeit gegenüber einer technischen Entwicklung und den fehlenden Durchblick dieser „Experten". Ihre Sichtweise scheint ausschließlich auf den Aspekt der Einsparung menschlicher Arbeit in einer Industrie 4.0. beschränkt zu sein. Solche „Experten" folgen brav der alten Maxime, mehr Output erreichen zu wollen bei abnehmenden bzw. stagnierenden Lohnkosten. Diese Betrachtungsweise aus dem vergangenen Jahrhundert ist nicht geeignet für die Anforderungen der Zukunft. Sie wird gesellschaftliche Brüche mit Instabilität erzeugen, anstatt neue Arbeitsfelder zu erschließen.

Die Digitalisierung der Industrie wird leider reflexhaft mit dem Wegfall menschlicher Arbeit assoziiert. So berichtet das Hollerith-Forschungszentrum der Hochschule Reutlingen in seiner Studie (Juli 2017) von über 46% stark gefährdeter Arbeitsplätze mit einer Automatisierungswahrscheinlichkeit von 70-100% und weiterer 33% Arbeitsplätze mit einem Wegfallrisiko zwischen 30 und 70% bis zum Jahr 2030 aufgrund automatisierter Arbeitsabläufe in der Automobilbranche. Solche Annahmen werden allzu oft als Fakten betrachtet, die unabänderlich seien.

Die Forschungsarbeit des Autors Dr.-Ing. Greschke hingegen stellte bereits 2015 einen Gegenentwurf dar. Sie betrachtet digitale Transformationen als Potenzial für andere, bessere Arbeitsplätze in der Automobilproduktion. Die durchgeführten Simulationen der von ihm entwickelten Matrix-Montage ergaben hoch relevante Produktions-Optimierungen ohne Arbeitsplatzverluste in dem hohen Maße, wie sie immer wieder vorhergesagt werden.

Die alten Maximen einer Gewinnsteigerung durch ein "mehr" und "schneller" vernachlässigen auch die dringende Notwendigkeit, Schule und Ausbildung den Bedingungen der Zukunft anzupassen. Damit ist ausdrücklich nicht nur der Umgang mit Digitaltechnik gemeint zur Vorbereitung auf die digitale Berufswelt, sondern insbesondere auch die Förderung in Richtung Kreativität und Verantwortungsbereitschaft, diese Technik zugunsten des arbeitenden Menschen anzuwenden.

Soziale, kreative und sonstige komplexe Tätigkeiten werden übrigens nur wenig von Automatisierung betroffen sein, denn der Umgang mit Menschen verlangt Fähigkeiten, die sich nicht über Algorithmen abbilden lassen. Emotionen zu deuten, das Verhalten von Menschen in unterschiedlichen Zusammenhängen einzuordnen oder Mitarbeiter klug zu führen, lässt sich schwerlich von Automaten erledigen.

Eine rein wirtschaftliche Betrachtung des digitalen Potenzials mit der Analyse, ab wann beim umfangreichen Einsatz von "Robotern" im Vergleich zur menschlichen Arbeit in der Industrieproduktion der break-even-point erreicht ist, wird keine dauerhafte Lösung sein. Diese betriebswirtschaftlichen Rechnungen berücksichtigen weder das gesellschaftliche Umfeld, noch sind die meisten Betriebswirtschaftler imstande, Unwägbarkeiten und neue Trends in ihre Berechnungen einzubeziehen, weil fixe Zahlenwerte eben noch nicht verfügbar sind. Die Wirtschaft agiert nämlich in einer aus Menschen, nicht aus Robotern, bestehenden Gesellschaft und auch die internationalen Märkte sind letztendlich ein Gebilde aus menschlichen Käufern.

Im Übrigen wachsen die Märkte nicht unbegrenzt und für Konsum braucht es ein Mindestmaß an Wohlstand, der im Allgemeinen nur durch den Verkauf der eigenen Arbeit erlangt werden kann. Arbeit im Zeitalter der Digitalisierung darf also nicht wegfallen, sondern muss sich verändern. Es ist Zeit, dass dies von den Wirtschaftsführern erkannt wird und sie ihre Entscheidungen danach ausrichten.

Weil Arbeit sich stets verändert hat in der Menschheitsgeschichte, gibt es wegen der aktuellen Umbrüche durch die Digitalisierung keinen Grund zur Panikmache, sofern die politischen und wirtschaftlichen Entscheider bereit sind, verantwortungsvoll in die Zukunft zu denken. Bei dem rasanten Tempo der Globalisierung, die nichts anderes als eine weltweite Vernetzung ist, und den technologischen Veränderungen ist es allerdings erforderlich, die Digitalisierung klug zu moderieren und immer der menschlichen Kompetenz und Kreativität unterzuordnen - nicht umgekehrt.

Bereits im letzten Jahrhundert wurde von kritischen Menschen das Risiko erkannt, dass die Entwickler von IT-Programmen nicht nur ihre eigene, sondern auch die Arbeit vieler anderer Menschen abschaffen würden und teilweise ist genau das schon passiert. Es ist höchste Zeit, dass Wissenschaftler und Ingenieure über ihren fachlichen Tellerrand hinausschauen und eine Wirtschafts- bzw. Arbeitsethik entwickeln, die dem Menschen einen angemessenen Platz einräumt. Sofern aber weiterhin von allen ausschließlich auf monetäre Konkurrenz durch Automatisierung gesetzt wird, sind die Aussichten düster und das System unserer Arbeitswelt kann kollabieren.

Die Teilnahme am Erwerbsleben in der Gesellschaft hat existenzielle Bedeutung für das Individuum, eine Abschaffung oder radikale Minimierung menschlicher Arbeitsplätze würde die Grundlagen sozialer Systeme zerstören. Dieser Verantwortung muss sich auch die Industrieproduktion stellen. Weil die Einführung innovativer Produktionssysteme eine Verminderung menschlicher Arbeitsplätze bewirkt, müssen solche Effekte aus gesellschaftlicher Verantwortung bei der Produktionsplanung betrachtet und bestmögliche Lösungen erarbeitet werden.

Anstatt der Logik eines Wirtschaftsliberalismus zu folgen, der die menschliche Arbeit aufgrund der angeblich unvermeidbaren Zwänge durch Globalisierung immer weiter deregulieren und reduzieren will, muss das allgemeine Bewusstsein dafür wachsen, dass stabile Gesellschaftssysteme auf entlohnte menschliche Arbeitsleistung angewiesen sind, weil Arbeit von den meisten als sinn- und identitätsstiftend erlebt wird.

Eine Studie des Hollerith-Forschungszentrums von 2017 fordert die lebenslange Weiterbildungsbereitschaft von Arbeitnehmern und die Aneignung eines "hervorragenden" digitalen Know-hows in angrenzenden Arbeitsgebieten, um sich der nachgefragten Arbeit ständig anzupassen. Da aber nicht alle Menschen über weitreichende Lernfähigkeiten verfügen, implizieren solche Modelle, dass weniger lernfähige Menschen unbrauchbar seien. Dies widerspricht der in Deutschland geltenden Gesetzeslage mit dem Recht auf Teilhabe am Arbeitsleben.

Natürlich werden sich Arbeitsfelder verändern, -das haben sie immer getan-, doch wir müssen die Kontrolle darüber behalten und für ausreichende Chancen sorgen, damit die Menschen sich den Veränderungen anpassen können. Ein plötzlicher Zerfall aller Strukturen aufgrund eines heiß laufenden Wettbewerbs digitaler Anwendungen wird letztlich niemandem nützen.

Etwas Kapitalismuskritik ist hier durchaus angebracht. Es sind nämlich nicht die Algorithmen, die darüber entscheiden, wohin sich die Arbeitswelt entwickelt, sondern die Kapitaleigner sind es, die die Wirtschaft lenken. Und deren Interesse liegt nicht darin, die Menschen im Marx'schen Sinne von der Lohnarbeit zu befreien.

Für die meisten Menschen ist Arbeit mehr als nur Entgelt, ein Wegfall im großen Stil würde Gesellschaften zerstören. Den arbeitenden Menschen lediglich als entweder bedarfsbereite oder aber überflüssige Verfügungsmasse in der Produktion zu sehen, verschenkt die wertvollsten Potenziale einer digitalisierten Industrie, nämlich die Möglichkeiten zur Humanisierung von Arbeit.

Die Kluft zwischen Anspruch und Wirklichkeit ist immer noch groß

Es wäre verantwortungslos und falsch, unter dem z.T. ideologisch getriebenen Druck auf Industriearbeitsplätze nun die Forderung nach humaner Arbeit aufzugeben. Die Ursachen und Wirkungen negativer Belastungen am Arbeitsplatz wie auch die abgeleiteten Anforderungen an Produktionssysteme sind längst bekannt, es fehlt jedoch die entsprechende Anpassung der Systeme an den Menschen.

Die tatsächlich realisierten Konzepte innovativer Produktion beschränken sich vor allem auf wettbewerbsgetriebene Rationalisierungen für Effizienzsteigerung und erzeugen Belastungen für Mitarbeiter, die jedoch insbesondere unter dem Aspekt eines längeren Berufslebens zu vermeiden sind. Hierzu werden von Experten als Auswirkungen moderner Produktionskonzepte der Wegfall von Schonarbeitsplätzen, Verdichtung anstrengender Arbeiten bei den jungen Mitarbeitern und schwindende Spielräume genannt. Vormals zwischen Gewerkschaften und Unternehmen ausgehandelte Standards von Arbeitsbedingungen werden zurückgefahren mit der Begründung von Unwirtschaftlichkeit.

Selbst der gewerkschaftliche Diskussionsstand zu Produktionssystemen akzeptiert weitgehend die Zielsetzung, Produktionssteigerungen mit Qualitätsverbesserung, hoher Liefergeschwindigkeit und zunehmenden Produktvarianten in Übereinstimmung zu bringen, aber es werden hier auch die Konflikte der unterschiedlichen Bewertung solcher Systeme diskutiert. Prognostiziert (und geglaubt) wurde, dass die Abkehr von der getakteten Fließmontage „noch lange nicht in Sicht" sei. Inzwischen hat sich aber fast schon resignierend die Befürchtung in den Vordergrund geschoben, dass der arbeitende Mensch durch die neue industrielle Revolution in absehbarer Zukunft gänzlich überflüssig würde.

Noch sind die Maschinen aber nicht soweit, dass sie sich selber erfinden und den Menschen obsolet machen könnten, noch ist die Komplexität des menschlichen Gehirns den Chips, Platinen und Prozessoren eines Rechners überlegen, noch bedarf es der Entscheidung und Realisierung durch das menschliche Gehirn, welche Macht wir den Computern geben. Kritische Kreativität ist gefragt für die Gestaltung der Zukunft der Arbeit.

Die für den arbeitenden Menschen psychisch und somatisch bedeutsamen Realitäten in der Industriearbeit wurden bislang nicht hinreichend entsprechend den Erkenntnissen und Forderungen aus den Arbeitswissenschaften angepasst, stattdessen wurden die althergebrachten Produktionssysteme im Prinzip lediglich ein wenig adaptiert bzw. maximiert. Vorrang hatte (und hat) immer nur die sogenannte Wirtschaftlichkeit, also die Interessen der Shareholder (Anteilseigner der Unternehmen). Die Aspekte von Arbeitszufriedenheit und Gesundheit der Mitarbeiter fanden nur Beachtung im „Ambiente" der Fabriken oder durch gewerkschaftlich erstrittene Rahmenbedingungen wie Arbeitszeit und Entgelt. Eine kluge Umsetzung der Industrie 4.0 mit intelligenter Nutzung der Informationstechnologie erlaubt es jedoch, Produktionssysteme neu zu denken.

Es muss bei der neuen Fabrikarbeit darum gehen, nicht nur die Wünsche der Investoren (Shareholder), sondern auch die berechtigten Interessen aller anderen Stakeholder (u.a. Belegschaft und Kunden), insbesondere aber die Bedürfnisse der im Produktionssystem arbeitenden Menschen weitestgehend untereinander auszugleichen. Dieser Ausgleich ist durchaus möglich mit innovativen, flexiblen Produktionssystemen und Strukturen, wie sie die digital-gestützte Matrixproduktion bietet.

Wie ist der Stand und wo wollen wir hin in der Automobilindustrie?

Ein Blick auf die heterogenen Stakeholder zeigt, welchen unterschiedlichen Ansprüchen ein neues, flexibles Produktionssystem entsprechen muss. Als Beispiel dienen hier die Bedingungen in der deutschen Schlüsselindustrie Automobilbau.

Seit Jahren wird die Entwicklung der Automobilindustrie von sich stark verändernden Marktbedingungen geprägt. Veränderte Kundenforderungen, kürzere Produktlebenszyklen, neue politische Rahmenbedingungen wie steigende Anforderungen an den Umweltschutz oder die Verschiebungen der globalen Märkte stellen die OEMs (OEM= Original Equipment Manufacturer/ Erstausrüster) vor immer neue Herausforderungen. Insbesondere die Forcierung der alternativen Antriebe lässt erwarten, dass sich hier für die nächsten Jahre (wenn nicht Jahrzehnte) das zentrale Thema der Automobilindustrie herauskristallisiert. Je nachdem, wie sich Gesellschaft und Technologie genau entwickeln, dürfte insbesondere das Konzept autonomer Fahrzeuge mit einer Vielzahl von Gestaltungs- und Ausprägungsmöglichkeiten zu einem der massivsten Paradigmenwechsel in der Automobilindustrie führen. Damit wird die „Evolution" des Produktes Auto einen weiteren Quantensprung vollbringen.

Die Anfänge und Projektplanungen dazu haben begonnen. Großstädte in Deutschland sollen lebenswerter werden, lautet eine gesellschaftspolitische Forderung. Gemeint sind damit nicht nur Interaktionen sozialer Gruppen oder die sogenannte Stadtbegrünung bzw. -Gestaltung, sondern insbesondere die Mobilität, Verkehrssicherheit und Schadstoffreduzierung.

In Berlin stellten am 30. Mai 2017 Vertreter deutscher Großstädte und der deutschen Automobilindustrie das Projekt „Plattform Urbane

Mobilität" vor. Auf dieser Plattform arbeiten Kommunen und Autohersteller gemeinsam an Konzepten einer intelligenten Mobilität. Ziel der neuen Kooperation ist eine zukunftsfähige und nachhaltige Mobilität in deutschen Großstädten. Neben den sieben Städten Bremen, Düsseldorf, Hamburg, Hannover Leipzig, Ludwigsburg und München beteiligen sich die Unternehmen Audi, BMW, Continental, Daimler, Porsche, Bosch, Schaeffler und VW Nutzfahrzeuge sowie der Verband der Autoindustrie VDA an dem Gemeinschaftsprojekt.

Die Plattform "Urbane Mobilität" will trotz des stetig zunehmenden Verkehrs in deutschen Städten mithilfe elektrifizierter und digitalisierter Fahrzeuge den urbanen Raum lebenswerter und Verkehr „nachhaltiger" machen. Gefördert werden sollen Projekte, die den Verkehr platzsparender, effizienter, gemeinschaftlicher, sauberer, leiser und vernetzter gestalten können. Erwartet wird, dass dem stark zunehmenden Lieferverkehr eine Schlüsselrolle bei der Elektrifizierung zukommt.

Außerdem soll der Zugang zu jeweils passenden Mobilitätsoptionen für die Nutzer einfacher werden und autonome Fahrzeuge sollen eine wichtige Rolle im Verkehr der Zukunft spielen. Alle Experten sind sich immerhin darüber einig, dass ein neues Mobilitätsverständnis zumindest in den Ballungszentren sich nicht mehr nur auf das Auto konzentrieren wird. Produkte und Produktion werden sich noch vor 2030 erheblich verändern.

Innerhalb von gut hundert Jahren hat sich also eine Entwicklung des Autos ergeben von ersten, individuell angefertigten Fahrzeugen für einen elitären Personenkreis über das Massenprodukt für Jedermann in der zweiten Hälfte des vergangenen Jahrhunderts zum individualisierten Produkt der letzten Jahrzehnte bis hin zu ausdifferenzierter Elektromobilität mit autonomen Steuerungskonzepten, die heute als zukunftsträchtig gelten.

Dieser Produktdynamik gegenüber wirkt der Entwicklungsverlauf des bisher angewendeten Produktionssystems sehr statisch. Seit nun über 100 Jahren stellt die Fließbandfertigung das primäre Konzept der Automobilfertigung dar.

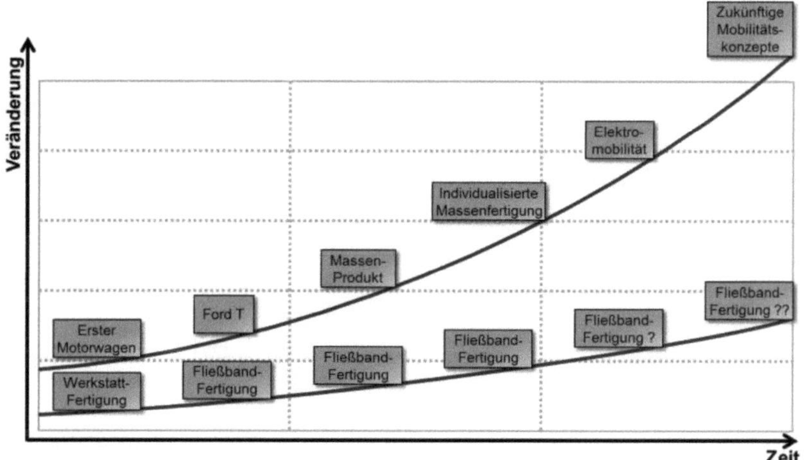

Darstellung der Veränderungsdynamik von Produkt und Produktion in der Fahrzeugfertigung

Das Konzept der getakteten Linienfertigung hat sich im Automobilbau etabliert, weil es für die Massenfertigung sehr wirtschaftlich ist bzw. war. Seit April 1913, als bei Ford in Dearborn, USA, das vom amerikanischen Automobilkonstrukteur Ransome Eli Olds schon seit 1901 verwendete Fließband im großen Stil zur Reduzierung der Produktionskosten eingesetzt wurde, hat sich dieses Grundprinzip der Produktion, im deutlichen Gegensatz zu den Marktbedingungen, nur marginal gewandelt.

Im Wesentlichen basiert der gesamte moderne Automobilbau noch bis heute auf diesem Prinzip. Im Rückblick ist dieses Konzept mit der dahinter stehenden Idee des Scientific Managements aus rein ökonomischer Sicht als deutliches Zeichen für die Überlegenheit gegenüber der früheren Werkstattarbeit durchaus anzuerkennen.

Der Produktionstyp Fließband (Linienfertigung) erzeugte den wirtschaftlich notwendigen Ausstoß für komplexe Massenprodukte, also auch für Kraftfahrzeuge. Durch die Zergliederung von Arbeitsinhalten gelang es, fehlende Fachkräfte zu kompensieren und die Massenfertigung von Automobilen zu etablieren, die den Grundstein unserer Mobilitätsgesellschaft gelegt hat.

Im Zuge der Industrialisierung nach dem Weltkrieg entstand in Japan wegen der dort bestehenden streng autokratischen Gesellschaftsstruktur als bekannteste Adaptierung der Fließbandproduktion das Toyota Produktionssystem (TPS). Innerhalb dieses Systems mussten solche Kommunikationsformen gefunden werden, die es erlaubten bzw. einforderten, Nachteile zu benennen oder Verbesserungen vorzuschlagen. Das Resultat war ein streng durch Maximen reglementiertes Fließkonzept mit strikt verordneten Qualitätsnormen für jeden Mitarbeiter, das laut MIT-Studie (MIT= Massachusetts Institute of Technology) schnellere Durchlaufzeiten, bessere Qualitätskennzahlen und höhere Produktivitätswerte hervorbrachte.

Doch letztlich basieren alle Weiterentwicklungen und Anpassungen noch bis heute auf dem Prinzip der Linienfertigung nach Henry Ford. An diesem Produktionsprinzip wurde in der Automobilindustrie festgehalten, trotz erheblicher Veränderungen von Markt, Gesellschaft und Produkt.

Ob die bestehenden Produktionsprinzipien als Fundament für aktuelle und zukünftige Produkte dienen und gleichzeitig den gesellschaftlichen Anforderungen gerecht werden können, darf bezweifelt werden. Viel zu sehr haben sich Produkte und die verfügbare Arbeitsleistung des Menschen ausdifferenziert. Neue Konzepte aus dem Industrie 4.0 Projekt können dem immer noch verwendeten Toyota-Produktionssystem echte Innovationsstrategien entgegenstellen.

Ständige Veränderungen der Märkte bleiben die größte Herausforderung bei der Automobilproduktion

Mit zunehmender Nachfrage nach Fahrzeugen wandelte sich die Automobilfertigung von einfachen Handwerksbetrieben hin zur industriellen Massenfertigung, die etwa um 1955 ihren Höhepunkt erreichte.

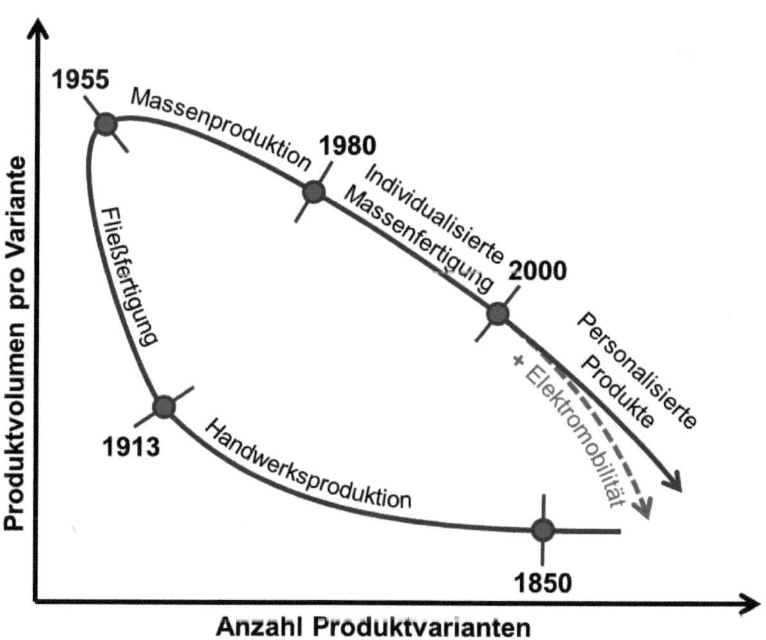

Vom Massenprodukt Automobil zum personalisierten Auto

Dabei wandelte sich das Produkt Auto von einer individuellen Anfertigung zu einem standardisierten Massenprodukt in vielfacher Ausführung. Der Fokus bei der Auslegung der zugehörigen

Produktionssysteme lag auf der möglichst wirtschaftlichen Massenfertigung eines sehr komplexen Produktes.

Heute werden einheitliche Massenprodukte den Individualisierungs-ansprüchen der Kunden nicht mehr gerecht. Die Hersteller sind gefordert, eine große Spanne an spezifischen Fahrzeugkonzepten anzubieten, von Abwandelungen des Hauptkonzeptes bis hin zu sehr aufwändigen Varianten, wie zum Beispiel bei der Integration alternativer Antriebskonzepte. Die möglichen Kombinationen von Varianten, Farben und Ausstattungen eines Fahrzeugs erreichen enorm hohe Zahlen. Dass dieser Umstand bei der Einschleusung der entsprechend vielfältigen Produkte in die herkömmliche Montagelinie mit einem vorgegebenen starren Takt immer neue Anpassungen und Adaptionen erfordert, ist unvermeidlich.

Die Abbildung zeigt die Wandlung des Massenprodukts Auto hin zu einem stärker individualisierten Produkt. Das Resultat ist eine sich enorm erhöhende Variantenvielfalt bei sinkender Stückzahl, sie kennzeichnet die heutige Automobilindustrie. Es ist davon auszugehen, dass dieser Trend anhalten wird bzw. sich noch durch die zunehmenden Mobilitätsformen verschärft.

Weil sich der Automobilmarkt längst zu einem Käufermarkt gewandelt hat und sich aktuell in einem gravierenden technologischen Umbruch befindet, müssen die Produktionssysteme dementsprechend flexibel gestaltet werden. Im Zusammenspiel von Digitalisierung und menschlicher Kompetenz bei der Industriemontage ist es mit der Matrixproduktion möglich, eine an den Kunden-bedürfnissen ausgerichtete, flexible Massenfertigung individualisierter Fahrzeugvarianten umzusetzen.

Stakeholder und Einflussfaktoren

In den letzten Jahrzehnten haben sich signifikante Marktänderungen auch für die Automobilindustrie ergeben. Neue Kundenanforderungen, Verschiebungen in den globalen Absatzmärkten, neue Technologien, kürzere Produkt-Lebenszyklen und politische Regulationen (z.B. die Gesetzgebungen zum CO_2 Ausstoß) führten zu neuen Herausforderungen. Insofern wirken sich externe Einflüsse aus dem Umfeld auf das Produktionssystem aus. Solche Einflüsse setzen sich aus einer Vielzahl sich überlagernder und gegenseitig beeinflussender bzw. verstärkender Faktoren zusammen, die ein turbulentes Umfeld erzeugen. Diese als Wandlungstreiber bezeichneten Faktoren erzeugen auf allen Ebenen des Produktionssystems einen Veränderungsdruck. Prinzipiell lassen sich die maßgeblichen Wandlungstreiber, bezogen auf die Automobilindustrie, auf vier Stakeholder zurückführen:

- Gesellschaft
- Politik (durch Gesetze, Regelungen)
- OEM (als Entscheider über die Produktpalette)
- Technik/Wissenschaft/Digitalisierung

Moderne Unternehmenskonzepte fokussieren nicht mehr nur ausschließlich den Shareholder-Value, sondern orientieren sich bewusst auch an den Vorstellungen der Stakeholder. Als Stakeholder sind in diesem Kontext alle Einflussgeber zu verstehen, die sich direkt auf die Produktion auswirken. Die Interdependenzen zwischen den einzelnen Stakeholdern sind besonders zu berücksichtigen. So können beispielsweise der OEM und die Politik die Entwicklung spezifischer Technologien fördern, doch auch der Einfluss des Kunden als potenziellem Wähler von politischen Entscheidungsträgern stellt einen direkten Zusammenhang zwischen Politik und Kunden her. Auch gründen sich immer wieder gemeinsame Plattformen oder Kooperationen für Forschung und Entwicklung, wo Ideen, Risikobewertungen und Erfahrungen ausgetauscht werden, um neue Verkehrskonzepte zu entwickeln, die den absehbaren Zukunftsproblemen der Mobilität begegnen können.

Aber auch gesellschaftlich organisierte Interessen (z.B. Kirche, Gewerkschaften) bestimmen in hohem Maß politische Entscheidungen und verlangen direkt oder mittelbar von den Herstellern z.B. die Beachtung von Arbeitnehmerbedürfnissen.

Insofern wirkt die Gesellschaft insgesamt, nicht nur in der Funktion des Käufers, auf die Produktion ein.

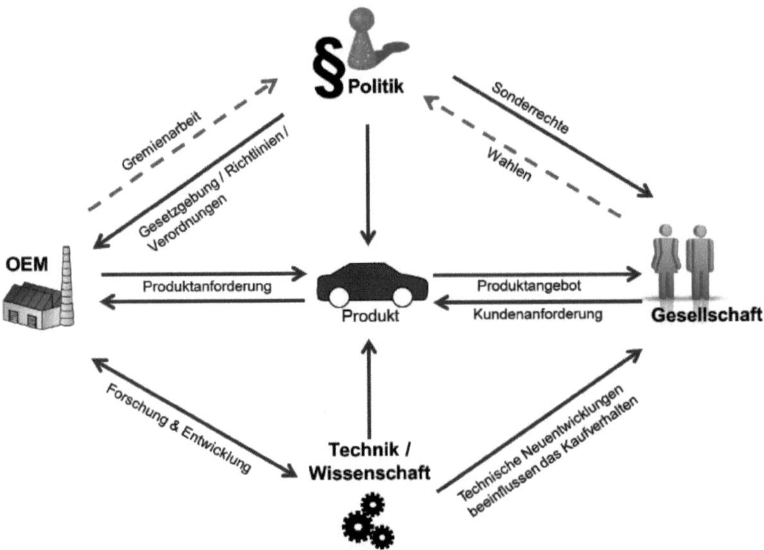

Stakeholder und deren Wechselwirkungen, die die Produktion beeinflussen

Wie Politik Einfluss nimmt

Einleuchtend ist, dass die diversen vorhandenen Rahmenbedingungen der Industrie durch Regierungspolitik verändert oder auch erst geschaffen werden können. Regulierungsmöglichkeiten sind u.a. Subventionen, Steuern, Verbote, Vergünstigungen wie Befreiungen von Auflagen oder Sondernutzungsrechte. Staatliche Innovations- bzw. Technologieförderung mit Akteuren der kommunalen, Länder- oder Bundesebene in Zusammenarbeit mit Kammern, Verbänden und Wissenschaften bewirkt z.B. in Deutschland eine aktive Regionalisierung von Industriepolitik.

Gleichzeitig verursachen die neuen Systemkoppelungen in der Globalisierung eine Entgrenzung von Nationalökonomien und erzeugen Standortkonkurrenzen. In Deutschland sind diese hochgradig bedingt durch die Exportorientierung der heimischen Industrien. Nicht nur die ökonomischen Systeme sind davon betroffen, sondern auch fast alle sozialen Subsysteme, z.B. durch Lohndumping und seine Folgen.

Im Allgemeinen reagiert die Politik auf Belastungsverschiebungen oder Wertewandel in der Gesellschaft mit angepassten Gesetzen und Vorschriften. Nur einige unter vielen aktuellen Beispielen für Deutschland sind die EEG-Umlage zur Finanzierung erneuerbarer Energien, - diese wiederum bedingt durch Umweltziele wie CO_2 – Minderung -, ein späteres Renteneintrittsalter und neue Berechnungsformeln für Rente - bedingt durch die demografische Entwicklung -, ein Mindestlohn zur Abmilderung der Nachteile aus Arbeitsmarktveränderungen, die Finanzierung von Forschungsprojekten wie Industrie 4.0 oder Förderprojekte und Steuerbefreiung in der Elektromobilität, Vorschriften zum Wertstoffkreislauf, aber auch die Entwicklung einer Infrastruktur (z.B. Ladestationen) für neue Mobilitätsformen u.v.a..

In China, dem Boomland der letzten Jahre, sind immer mehr Menschen aufgrund besserer wirtschaftlicher Verhältnisse in der Lage, sich ein Auto zu kaufen. Dabei ist eine rasante Zunahme von Elektrofahrzeugen zu erwarten, denn die Zulassungen für konventionelle Neufahrzeuge mit Verbrennungsmotor sind in den Großstädten sehr eingeschränkt wegen der starken Umweltbelastungen durch den Individualverkehr. Zulassungen für konventionelle Fahrzeuge sind daher entweder sehr teuer oder werden verlost. Hier sind weniger die ökologischen Aspekte maßgeblich für den Kauf eines Elektrofahrzeugs, wie im Westen, sondern primär die Nutzenvorteile eines Fahrzeugs, das lokal keine Emissionen verursacht und darum kaum Zulassungs-Beschränkungen unterliegt. Seit neuestem werden die in China agierenden Hersteller vom Staat auf eine Quote von zehn Prozent Elektrofahrzeugen verpflichtet.

Nationale Märkte werden zum Teil durch politische Rahmenprogramme geschützt, z.B. werden Einfuhrzölle erhoben, die Importfahrzeuge deutlich teurer machen als einheimische. Mit diesen Instrumenten wird versucht, die Produktion in das Absatzland zu ziehen.

Es wäre sehr wünschenswert und ist auch zwingend erforderlich, dass solche politischen Entscheidungen, die die Rahmenbedingungen für industrielle Produktion beeinflussen, nicht vorrangig die kurzfristigen wirtschaftlichen Interessen der Hersteller berücksichtigen, sondern verstärkt die in der Zukunft liegenden, gesamtgesellschaftlichen Auswirkungen und die Generationengerechtigkeit fokussieren.

Dynamische gesellschaftliche Ansprüche

Kaufentscheidungen für Automobile werden durch unterschiedliche Faktoren geprägt. Vorrangiger Zweck ist die Mobilität/Beförderung, ergänzt durch individuelle Kundenbedürfnisse. Diese entstehen zum einen durch gewünschte Funktionen oder bevorzugte Designs, zum anderen werden sie auch geprägt von der immateriellen, ethischen Ebene des sozialen Umfeldes.

Die Wertprioritäten in vielen entwickelten Gesellschaften wandeln sich in Richtung postmaterialistischer Werte wie Mitsprache, Meinungsfreiheit, Humanität und Umweltschutz. In Deutschland und anderen europäischen Staaten rücken zunehmend die Aspekte der Ökologie und Nachhaltigkeit in den Vordergrund, auch in

Nordamerika zeichnet sich diese Entwicklung ab. Gründe hierfür sind die offensichtlichen Auswirkungen des Klimawandels und die Sensibilisierung für eine intergenerative Gerechtigkeit, die auch den nachfolgenden Generationen möglichst gleiche Chancen und einen Ressourcenvorrat erhalten soll.

Aus dem Bewusstsein der Verantwortung entstehen neue Konsummuster. Verbraucher in den hoch entwickelten Gesellschaften wählen in wachsendem Maße sowohl nach ökologisch nachhaltigen Kriterien als auch nach sozial-ethischen Standards, die im Produktionsprozess angewendet werden. Informationen über Produktherkunft und ökologische sowie soziale Aspekte in der Materialgewinnung und -Verarbeitung werden für die Kaufinteressenten wichtiger. Die Diskussionen zur Textilverarbeitung in Asien ist dafür ein aktuelles Beispiel. Dieser Trend bei Kaufentscheidungen nimmt auch im Bereich Mobilität zu und beeinflusst das Kundenverhalten. Die entsprechenden Aspekte müssen einen erhöhten Stellenwert in der Produktentwicklung und Fertigung erhalten, andernfalls riskieren die jeweiligen OEMs den Verlust von Kundenbindungen an ihre Marke/das Image und ihre Kunden werden zu Substitutionsprodukten abwandern.

Als weiterer aus der Gesellschaft resultierender Treiber kann der perspektivisch als zwangsläufig anzunehmende Zuwachs von Elektromobilität gelten. Ressourcenverbrauch und entsprechende Preisentwicklung der fossilen Energieträger, Luftverschmutzung durch Staubpartikel ebenso wie der Ausstoß von Stickoxiden bzw. CO_2 und der resultierende Klimawandel werden bei zunehmender Urbanisierung einer energiehungrigen, wachsenden Weltbevölkerung dazu zwingen, erheblich mehr elektrisch angetriebene Fahrzeuge zu nutzen, deren Energie regenerativ erzeugt werden muss.

Auch die fortschreitende Alterung der Gesellschaften wird zu Produktänderungen für die Zielgruppe der Älteren führen. In dieser Gruppe steigt schon seit einiger Zeit die Nachfrage nach Fahrzeugdesigns mit höherem Sitzpositionen wie SUVs oder höher gelegten Abwandlungen bzw. Derivaten von Standardmodellen (vergleiche zum Beispiel VW Golf zum VW Golf Sportsvan) zum bequemeren Ein- und Ausstieg und für bessere Übersicht. Diese Vorteile erkennen immer mehr ältere Kunden, die keine klassischen Rentner-Autos fahren wollen, sondern ein "jung" wirkendes Design bevorzugen. Weitere Anpassungen für die sogenannten Best-Ager werden sich entwickeln und auch bei ihnen ist auf längere Sicht zusätzlich mit der Akzeptanz neuer Mobilitätsformen unter dem Stichwort „vernetzte Verkehrssysteme" zu rechnen. Insgesamt wird sich die Marktmacht der Kunden, orientiert an neuen gesellschaftlich gewünschten Konzepten, durchsetzen und die Produktion hat sich diesem Umstand anzupassen.

Darüber hinaus ergeben sich weitere gesellschaftliche Ansprüche an Produkte je nach regionalen und kulturellen Hintergründen auf den Absatzmärkten. Das Menschenbild, welches die westlichen Demokratien prägt, kann nicht pauschal auf andere Gesellschaften übertragen werden. So wird Individualität in fernöstlichen Gesellschaften vorwiegend über die Zugehörigkeit zu sozialen Gruppen ausgedrückt. Unterscheidungskriterium ist neben Beruf und Standard der Wohnverhältnisse auch der Besitz eines Pkw. In den neuen aufstrebenden Märkten gilt das Automobil als Statussymbol. Menschen unterschiedlicher gesellschaftlicher Schichten wollen damit Grenzlinien zur darunter liegenden Schicht anzeigen.

In westlichen Staaten wie den USA oder Europa wird durch den erhöhten Lebensstandard die Individualisierung umfangreicher definiert und bezieht sich auf viele Lebensbereiche, aber auch hier wird Individualität verstärkt nach außen demonstriert. Dazu zählt auch die Individualisierung des Automobils in Bezug auf Design/Lifestyle, Ausstattung, Komfort und Leistung. Um sich individuell abzugrenzen, möchte (fast) jeder am liebsten sein Fahrzeug als ein Unikat realisieren.

Die zahlreichen Kundenforderungen wirken sich direkt auf die Gestaltung des Automobils aus und damit auch indirekt auf die Produktion. Hersteller müssen Produkte entsprechend diesen Marktanforderungen bereitstellen, um auf einem stark umkämpften bis regional gesättigten Markt Absätze zu erzielen. Um ein möglichst großes Käuferpotenzial anzusprechen, muss eine breite

Produktpalette angeboten werden, die sowohl generelle und regional-spezifische Nachfragen bedient als auch individuelle Design-Wünsche erfüllt.

Ebenso Beachtung finden müssen solche Anforderungen, die nicht unmittelbar aus dem Konsumentenverhalten resultieren, sondern sich aus dem Wertewandel in modernen Gesellschaften ergeben. Inzwischen richtet sich der Fokus unternehmerischer Planungen nicht mehr ausschließlich auf Shareholder-Values, sondern die Planung orientiert sich ebenfalls an den Interessen anderer Stakeholder wie den Mitarbeitern und an gesellschaftlicher Moral. Das betriebswirtschaftliche Gewinnstreben muss dementsprechend weitreichend mit sozialer und ökologischer Verantwortung in Übereinstimmung gebracht werden. Allein die Einhaltung politischer Vorgaben genügt diesem Anspruch nicht, formulierte Maßstäbe aus sozialen Organisationen sowie arbeitswissenschaftliche Aspekte dürfen nicht ignoriert werden.

Dazu gehört die Forderung nach humaner Arbeit. Diese bezieht sich immer mehr auf die sogenannten „weichen" Faktoren der Arbeitsorganisation wie Stress durch psychische Belastung, Zeitdruck und Fremdbestimmung in Arbeitsabläufen, sowie fehlendem Entscheidungsspielraum. Auch die Partizipation und Inklusion von leistungsgewandelten Menschen wird zunehmend thematisiert, sie wird insbesondere mit Blick auf die Demografie-abhängige längere Lebensarbeitszeit immer wichtiger.

Wertewandel oder –Priorisierungen in verschiedenen gesell-schaftlichen Gruppen, sich verändernde Kundenbedürfnisse, aber auch wissenschaftliche Erkenntnisse z.B. aus Ökologie und Arbeitssoziologie beeinflussen Produkte und Produktionssysteme.

Strukturwandel bei den Automobilherstellern

Die Automobilproduktion ist historisch gesehen hauptsächlich in den USA, Japan, Korea und Europa, hier vor allem in Deutschland, Frankreich und Spanien angesiedelt. Hersteller aus diesen Regionen verfügen über eine lange Geschichte sowie eigene Traditionen und haben sich im Laufe der Zeit für ihre Marken einen stabilen Kundenstamm aufgebaut. Die Anzahl der Hersteller (OEMs) nimmt jedoch kontinuierlich ab. Gab es 1910 noch 500 OEMs, existierten im Jahr 2000 lediglich noch 13 globale OEMs. Nicht berücksichtigt sind hier viele kleine, nur national tätige Nischenhersteller, allein ca. 100 in China. In Ländern mit niedrigeren Lohnkosten können lokale Hersteller kostengünstiger produzieren und sich über den Preis im Low-Cost-Segment am Markt behaupten.

Weil die deutschen Autobauer sich offenbar etwas zu arrogant und zu lange auf den Lorbeeren ihrer Exporterfolge mit Fahrzeugen der alten Ideologie des "größer und schneller" ausgeruht hatten, kommt jetzt für diese Industrie alles auf einmal. Elektro- und Brennstoffzellen-Mobilität, der Druck auf bewährte Verbrennungsmotoren durch strengere Abgaskontrollen, Konzeptionen des autonomen Fahrens sowie die Ausstattung der Fahrzeuge mit „künstlicher Intelligenz" und „Deep-Learning-Technologie". Die neuen Konzepte der E-Mobilität reichen von elektrifizierten Fahrzeugen mit über 1000 PS (Faraday Future) bis zu einem Bio-Hybrid (Schaeffler), der aufgrund seiner geringen Abmessungen und Geschwindigkeit auch auf Radwegen unterwegs sein könnte. Hinzu kommt die Brennstoffzellen-Technik nicht nur im Nutzfahrzeugbereich. All dies verursacht einen tiefgreifenden Umbruch.

In Deutschland entwickeln sich die Produktion, die Akzeptanz und die nötige Infrastruktur für massentaugliche und bezahlbare Elektroautos nur langsam. Die bisherigen Modelle, die in geringer Stückzahl bei allen großen Marken vom Band laufen, haben Reichweite-Defizite bzw. kommen als Hybrid-Modelle auf den Markt. Weil sie deutlich teurer sind als Autos mit Verbrennungsmotoren, ist die Nachfrage der Durchschnittskonsumenten noch entsprechend gering.

Den aktuellen, von Digitalisierung und weiterer Automatisierung geprägten Transformationen steht die Branche mit gemischten Gefühlen gegenüber. Einerseits wird das Potenzial neuer technischer Lösungen für Materialflüsse und Maschinensteuerungen gesehen, aber gleichzeitig ist die Herausforderung zu meistern, zeitnah auf die sich neu eröffnenden Geschäftsfelder mit vernetzten Fahrzeugen, digitalen Services und noch nicht überschaubaren Lösungsmöglichkeiten von Fahrzeugantrieben zu reagieren. Kritiklos wird als unabwendbar ein massiver Arbeitsplatzabbau als negativster Aspekt der Digitalisierung prognostiziert.

Als weiterer Strukturwandel ist in den letzten Jahren zu beobachten, dass sich die Fertigungstiefe der OEMs kontinuierlich reduziert. Immer mehr Komponenten und Teile des Autos werden extern bei Zulieferern hergestellt und vom Erstausrüster angekauft. Analog zu dieser Entwicklung hat der Einfluss der Lieferanten am Fertigungsprozess deutlich zugenommen. Eine abnehmende Produktionstiefe bei dem OEMs führt also zur Vertiefung der Wertschöpfungsprozesse bei den Zulieferern, die dann bereits Vorstufen der Produktion übernehmen. Diese Verlagerung von Know-How zu den Systemlieferanten schafft neue Abhängigkeiten bzw. Ungewissheiten. Dennoch müssen die deutschen Automobilbauer in Zeiten von Industrie 4.0 zunehmend in virtuelle Lösungen und vernetzte Technologien investieren, um wettbewerbsfähig zu bleiben.

Der OEM beeinflusst im Gegensatz zum Kunden die Produktion direkt und entscheidet über das Produktportfolio. Zum Erhalt einer möglichst dominanten Marktposition müssen OEMs eigene Neuentwicklungen leisten, insbesondere auch im Bereich der alternativen Antriebe, autonomen Fahrkonzepten und zu den neuen Ideen urbaner Mobilität. Hierzu gerechnet werden Projekte, die den städtischen Verkehr platzsparender, sauberer, leiser und effizienter, aber auch gemeinschaftlicher und vernetzter machen sollen. Der Problematik eines zunehmenden Lieferverkehrs, dessen Fahrzeuge zumeist noch mit Dieselmotoren ausgerüstet sind, könnte mit einer Elektrifizierung der Antriebsaggregate begegnet werden. Kritische Entwicklungsschwellen in diesem Zusammenhang sind die lange technische Ausreifezeit von zehn bis fünfzehn Jahren mit erheblichen finanziellen Vorleistungen für Forschung, Entwicklung und für die Anpassung der Produktionssysteme bzw. - Konzeptentwicklungen mit Neuorganisation von Wertschöpfungsketten. In dieser Hinsicht sind die deutschen Hersteller nicht mehr führend.

Insgesamt ergibt sich ein von vielen Merkmalen beeinflusstes Umfeld der OEMs, für das zukünftig besondere interne Strategien entwickelt werden sollten, die gleichzeitig den Wettbewerb fokussieren, mit dem Produkt und den gesetzlichen Richtlinien harmonieren und auch mit technischen Möglichkeiten und gesellschaftlichen Werten übereinstimmen müssen. Die Integration öffentlich-rechtlicher Vorgaben z.B. aus Arbeitsschutzgesetzen, aus Richtlinien der Berufsgenossenschaften, des Umweltschutzes oder berechtigter Forderungen von Gewerkschaften ist selbstverständlich. Solche innovativen internen Strategien zur Transformation können zusätzliche Kosten verursachen, jedoch bieten sie dem OEM zugleich die Möglichkeit zur positiven Differenzierung von anderen Herstellern.

Vor dem Hintergrund des ökologischen Bewusstseins in westlichen Ländern und der sozialen bzw. gesellschaftspolitischen Verantwortung sind Gesamtstrategien des Herstellers erforderlich, die auf die anstehenden Veränderungen abgestimmt sind. Die Trends müssen antizipiert und bei neuen, digitalen Produktionsplanungsvorhaben unbedingt berücksichtigt werden. Zielkriterium dabei sollte immer die Akzeptanz sein von unternehmerischen Maßnahmen durch die Gesellschaft, in der das Unternehmen agiert.

Technische Weiterentwicklungen

Sowohl Konkurrenzdruck als auch ambitionierte Forschungs-ergebnisse schaffen zwar neue Technologien und bewirken Effizienzsteigerungen, aber hier ergibt sich häufig die Situation, dass die neuen Technologien in ein schon bestehendes und ggf. technisch eingeschränktes Produktionssystem zu implementieren sind.

Beispielsweise stellen sich in der Automobilindustrie neue Herausforderungen bei der Einschleusung von Elektrofahrzeugen in die Produktionslinie, denn Hochvoltbatterien (Akkus) erfordern spezielle Sicherheitsmaßnahmen und Arbeitsprozesse. Weitere Veränderungen und Erfordernisse sind absehbar, denn neu zu entwickelnde Batterien werden leichter sein als die derzeitige Lithium-Ionen-Technologie und eine höhere Energiedichte aufweisen, um den Reichweite-Anforderungen zu entsprechen. Die Optimierung von Leistungselektronik, Informationsvernetzungen sowie Installation zusätzlicher Entertainment-Komponenten führen zu geänderten Bauteilen und können Arbeitsprozesse ändern. Ebenso verändern Hybridfahrzeuge oder Wasserstofftanks, Leichtbaukomponenten, Nanotechnik und neue Fügeverfahren die Produktion und Montage. Gleichzeitig sind jeweils sinkende Stückzahlen wirtschaftlich sinnvoll in das Produktionssystem zu integrieren.

Aus all diesen Aspekten folgt, dass die Produktion vor allem flexibel gestaltet sein muss ohne Einbußen in der Wirtschaftlichkeit, um den Verkaufspreis angemessen gering halten zu können. Das Produktionssystem muss sowohl eine zunehmende Varianten-flexibilität ermöglichen als auch kürzere Marktzyklen beherrschen. Dabei müssen die Investitionskosten der Produktion überschaubar bleiben, um sich trotz kürzerer Marktzyklen der Produkte amorti-sieren zu können. Im Fazit ergeben sich aus Einflussfaktoren und Kundenwünschen immer neue Produkte und die Technik muss diese Produktwünsche umsetzbar machen.

Technischer Wandel bedeutet für die Produktionssysteme immer wieder umfangreiche Adaptionen und Änderungen bestehender Systeme oder aber neue Konzepte von Produktionssystemen. Bei der Betrachtung aller Einflussfaktoren wird deutlich, dass in der Produktionsgestaltung ein Wechsel geschehen muss, weg von der bloßen Reaktion auf Veränderungen hin zu vorausschauender aktiver Handlung insofern, dass zukünftige Entwicklungsperspektiven früh analysiert und die Systeme dafür vorbereitet werden. Hierfür kann das Potenzial der Digitalisierung sinnvoll ausgeschöpft werden.

Arbeitswissenschaften im Dilemma

Während der letzten Jahrzehnte entwickelte die Arbeitspsychologie Konzepte von Arbeitsgestaltung, die den Menschen komplexer betrachten. Die Bewertung menschlicher Arbeit erfolgt nicht mehr nur nach Wirtschaftlichkeit und Gesundheitsverträglichkeit, sondern das psychosoziale Wohlbefinden und die Persönlichkeitsförderung werden in den Blick genommen, um eine Optimierung von sozialen und technischen Systemen zu erreichen. In der Funktionsteilung Mensch-Maschine-Organisation müsste daher eine optimale Abstimmung und Qualifizierung stattfinden.

Primäre Arbeitssysteme als Subsysteme einer Organisation (z.B. die Montageabteilungen in der Automobilindustrie) enthalten technische und soziale Teilsysteme. Das technische Teilsystem aus Betriebsmitteln und Anlagen steht dem sozialen Teilsystem mit menschlichen Bedürfnissen, Ansprüchen und Kenntnissen gegenüber. Aber viel zu oft fehlt noch die intelligente Verknüpfung beider Teilsysteme, sie sollte zwingend als Planungsaufgabe für Produktionssysteme definiert werden. Bislang basiert die in der Industrie weit verbreitete Fließfertigung zur Herstellung von Massengütern auf einem gleichmäßigen Materialfluss mit einheitlichen Taktzeiten. Der dort arbeitende Mensch ist an diese Zwangstakte gebunden, wodurch die Mensch-Maschine-Relation massiv von der Technik dominiert wird.

Unter solchen ausschließlich technisch optimierten Arbeitsbedingungen werden zunehmend psychische Fehlbelastungen festgestellt. Zwar fordern die Experten schon seit langem Arbeitssysteme, die den diversen Aspekten menschlicher Bedürfnisse entsprechen, doch die Entwicklung der Produktionssysteme entfernte sich leider von solchen humanorientierten Ansätzen. Stattdessen wird in diesem Zusammenhang eine Re-Taylorisierung festgestellt. Mit Taylorisierung ist hier die Entfremdung von Arbeit gemeint insbesondere durch weitestreichende Einengung des

Handlungsspielraumes des Beschäftigten bei seinen zu erledigenden Aufgaben innerhalb von Arbeitsprozessen.

In der Funktionsteilung Organisation-Mensch-Maschine eines Produktionssystems dürfen die technischen Teilsysteme nicht länger das soziale Teilsystem, also die Bedürfnisse und Kenntnisse der Mitarbeiter, dominieren.

Psychische Belastungen durch Arbeit

Die „weichen" Faktoren der Arbeitsorganisation wie Stress durch psychische Belastung, Zeitdruck, Fremdbestimmung in Arbeitsabläufen und fehlender Entscheidungsspielraum erfahren gesellschaftlich zunehmend Beachtung, u.a. weil sie krankheitsauslösend sein können. Arbeitswissenschaftlich nachgewiesen ist, dass ständig sich wiederholende Arbeitsvorgänge in vorgegebenem Tempo hohe Belastungen bei Beschäftigen bewirken.

Während die Handlungsfelder zur Verringerung der körperlichen Belastungen bei der Arbeit weitgehend erforscht und realisiert wurden, muss nun die psychische Belastung am Arbeitsplatz in den Fokus genommen werden. Neben den Anforderungen durch Aufmerksamkeit, Konzentration, Termin- und Leistungsdruck gelten auch die aus Stress resultierenden Verspannungssymptome als psychisch belastend.

Die Krankenkassen berichten seit 1998 über starke Zunahmen psychischer Beeinträchtigungen mit entsprechend steigenden Krankheitskosten. Es ist davon auszugehen, dass ein erheblicher Teil dieser Kosten auch aus den psychischen Belastungen bei der Arbeit resultiert, denn unter den fast stagnierenden Zahlen der Arbeitsunfähigkeiten nimmt der Anteil psychisch bedingter Arbeitsunfähigkeit zu. Schon weil psychische Erkrankungen eine deutlich längere Arbeitsunfähigkeit und dadurch höhere Kosten bedingen als somatische Erkrankungen, muss ihr Stellenwert in der Arbeitsplatzgestaltung Beachtung finden. Dieser Erkenntnis entspricht auch die gestiegene Beachtung psychischer Belastungen aus dem Arbeitsumfeld durch die Berufsgenossenschaften. Als Risiken gelten Druck durch enge Zeitvorgaben, Entscheidungszwang und Stress. Die Furcht vor Versagen ohne verfügbare Ressourcen, die kritische Situation eigenständig zu bewältigen, erhöht die Stressbelastungen.

Laut Definition in der DIN EN ISO 10075-1 bestimmen individuell verfügbare Ressourcen die psychische Belastung und Beanspruchung durch Arbeit, wobei die Relation der Faktoren die Folgen der Beanspruchung ergeben wie Über- oder Unterforderung. Es handelt sich bei psychischen Belastungen also nicht um einfache Reiz-Reaktionsmuster, sondern Rückkopplungsprozesse determinieren die Folgen psychischer Beanspruchung. In den entsprechenden Studien wird insbesondere auf die notwendige Kontrollmöglichkeit als Voraussetzung von Stressbewältigung hingewiesen. Ziel ist nicht ein völliger Belastungsabbau, sondern eine Optimierung der Beanspruchung mit einer positiven Beanspruchungsbilanz. Faktoren zur Belastungsreduzierung sind Vorhersagbarkeit, Regulierungsmöglichkeiten (Kontrolle, Einflussnahme) und Entscheidungsspielräume bei der Arbeit.

Die real vorhandenen, gegenläufigen Bedingungen in der klassischen Fließfertigung fördern also das Auftreten psychischer Belastungen (wie Ermüdung, Konzentrationsschwäche, Zeitdruck, mangelnde Handlungsoptionen) durch Arbeit. Außerdem stellt sich die Fließbandfertigung als besonders entfremdete Arbeit dar ohne Möglichkeit zu Kreativität und Einfluss auf die Prozesse. Sicher belegt ist die Abhängigkeit der Leistungsfähigkeit des arbeitenden Menschen vom Gleichgewicht zwischen Belastung und Pausen, das bei der Arbeit an getakteten Montagebändern völlig unzureichend ist.

Unter den Bedingungen einer auf vielen Ebenen flexiblen Matrix-Produktion (s.u.) kann von vornherein die Entstehung der meisten Belastungskomponenten vermieden bzw. den formulierten Ansprüchen genügt werden, denn dieses Produktionssystem garantiert immer ausreichende Bearbeitungszeiten. Im Fall von Störungen verbleiben diese an der jeweiligen Arbeitsstation und wirken sich nicht auf die gesamte Produktion aus. Der Mitarbeiter, der den Fehler ausgelöst hat, behält die Kontrolle.

Weil die Matrix-Produktion darauf basiert, dass mehrere, verschiedene Arbeitspakete an einer Arbeitszelle bearbeitet werden, kommt sie ebenfalls der Forderung nach wechselnden Arbeitsinhalten nach.

Grundsätzlich ist bei der Arbeit eine Beanspruchung immer gegeben und durchaus gewünscht, vermieden werden soll allerdings die negative Belastung durch Arbeit. Diese entsteht erst durch die Addition fremdbestimmter Belastungsfaktoren. Arbeitspsychologen fordern für eine optimale Arbeitsbeanspruchung, die Arbeitsmethoden und –Bedingungen auf individuelle Leistungsfähigkeiten abzustimmen. Für das Ziel einer individuell angepassten Arbeitsbelastung kann die Digitalisierung in Gestalt der Matrix-Produktion als Verbündeter in Anspruch genommen werden. Vermeidung negativer Belastung wie psychischer Stress ist möglich, ohne dass die Wirtschaftlichkeit der Produktion leidet.

To-do-Liste: Bessere Arbeitsbedingungen mit optimierter Wirtschaftlichkeit vereinbaren

Einerseits fordern die verschiedenen Disziplinen der Arbeitswissenschaft die Gestaltung von am Menschen orientierten Arbeitsplätzen innerhalb innovativer Produktionssysteme, andererseits fokussiert das Streben nach Wirtschaftlichkeit bisher fast ausschließlich technische Prozessoptimierungen für höhere Erträge. Ein neuer Denkansatz nutzt die Möglichkeiten der digitalen Evolution, diese anscheinend widersprüchlichen Ziele zu vereinbaren. Entstanden ist daraus das Konzept der Matrix-Produktion. Damit wird ein hoch flexibles Produktionskonzept bezeichnet, das beide Forderungen in Einklang bringt, nämlich gleichzeitig eine **optimierte Wirtschaftlichkeit und Arbeitsbedingungen, die dem Menschen angepasst sind**. Dazu gehört nicht nur, dass die Arbeitsplätze innerhalb einer Matrix-Produktion günstige Rahmenbedingungen zur konstanten Qualifizierung bieten, sondern dass individuelle Arbeitsgeschwindigkeiten möglich sind. Damit ist auch die Integration solcher Arbeitenden gewährleistet, deren Leistungsvermögen schwankt oder gesunken ist.

Durch die Flexibilität der Matrix-Produktion können ebenfalls die Auswirkungen des demografischen Wandels (Alterung) unserer Gesellschaft abgefangen werden. Bei unveränderter Finanzierungsgrundlage der Altersrenten wird die demografische Veränderung notwendigerweise zur Verlängerung der Lebensarbeitszeit führen, wobei Altersheterogenität und Leistungsunterschiede innerhalb der Belegschaften zunehmen werden.

Durch physiologische Veränderungen bzw. Einschränkungen von Körperfunktionen und Kognition im zunehmenden Alter wird objektiv eine Leistungswandlung in Richtung Streuung der Leistungsmöglichkeiten eintreten. Forschungen zum Thema differenzierter Arbeitssysteme im späten Berufsalter sind relativ neu, alle vorliegenden Arbeiten betonen jedoch die Notwendigkeit der Anpassung von Arbeit an die alternde Arbeitnehmerschaft mit dem Ziel, deren Arbeitsfähigkeit zu erhalten.

Altersabhängige Determinanten zur Arbeitssituation wurden untersucht und Instrumente für Anpassungskonzepte an ältere Arbeitnehmer (> 50 Jahre) vorgeschlagen. Für die Montage in der Automobilindustrie werden unter Berücksichtigung vorhandener Personalstrukturen und der Wirtschaftlichkeit als Kriterien formuliert: mentale und physische **Belastungswechsel, Durchbrechung von Monotonie**, eine relative **Zeitautonomie** mit Mikropausen und **Einflussnahme** auf die Gestaltung von Schichtplänen und Arbeit. Vergleicht man die vorgeschlagenen Instrumente mit den aktuellen Arbeitsbedingungen, stellt sich eine deutliche Divergenz heraus.

Obwohl der schon seit einigen Jahren zu beobachtende Bedürfniswandel auf dem Kundenmarkt die Hersteller zu einer Erhöhung des Flexibilitätspotenzials in der Produktion bewegt haben müsste, zeigt sich, dass die eingesetzten Produktionssysteme weiterhin auf Synchronisation aller Prozesse zielen und damit übrigens auch die Erkenntnisse der Arbeitswissenschaftler ignorieren. Es erfolgen lediglich Anpassungen an jeweilige Marktforderungen durch spezifische Implementierungen in die bestehenden Systeme, deren Kern im Wesentlichen noch immer die Linienfertigung nach Ford ist.

Damit liegt der Schwerpunkt der konventionellen Produktionsplanung im Automobilbau immer noch auf der Synchronisation und Glättung aller Prozesse, im weitesten Sinne basierend auf dem Toyota Produktionssystem. Dessen starr reglementierten Produktionsstrukturen reichen aber nicht aus für einen sich rasch wandelnden Markt. Also muss die Aufgabe gelöst werden, die postulierte Gegenläufigkeit von flexiblen Produktionssystemen und Linienfertigung hinsichtlich der Volumeneffizienz zu überwinden.

Neuartige Produktionssysteme müssen diesen Zusammenhang (**entweder** Flexibilität **oder** Menge) durchbrechen und auf Basis einer Fließfertigung dennoch ein maximales Maß an Flexibilität bieten, um sowohl den sich wandelnden Anforderungen in der Automobilindustrie als auch den Ansprüchen von Stakeholdern (Betroffenen) gerecht zu werden. Sogar die Arbeitswissenschaftler gehen bislang davon aus, dass humane Arbeitsbedingungen immer auf Kosten der Produktivität gehen müssten.

Zukunftsorientierte Strategien müssen immer auch marktorientiert sein. Dies erfordert eine hohe Flexibilität in der Produktion, um Trendveränderungen des Marktes jederzeit auffangen zu können. War der Verkäufermarkt früher insbesondere durch lange Produktlebenszyklen, hohe Auslastungen und Losgrößen mit entsprechend langen Durchlaufzeiten und hohen Beständen charakterisiert, so ist der heutige Käufermarkt für Autos von den wesentlichen Merkmalen immer kürzerer Produktzyklen sowie einer hohen Lieferbereitschaft und Flexibilität der Produkte geprägt.

Für die Automobilhersteller bedeutet dies, ganz unterschiedliche Modelle, z.B. auch solche mit elektrischem Antrieb, in intelligente Produktionssysteme reibungslos zu integrieren. Im Nutzfahrzeugbereich wird es sich voraussichtlich um Brennstoffzellen-Antriebe handeln, die flexibel produziert und montiert werden müssen.

Darüber hinaus sind als weitere Anforderungen an moderne Produktionsstrategien ebenfalls die gesellschaftlichen Entwicklungen und soziotechnischen Verbesserungen zu berücksichtigen. Unter den Bedingungen ständigen Wandels von Märkten, Kundenwünschen und technischen Möglichkeiten muss es insgesamt darum gehen, eine intelligente Verknüpfung menschlicher Ressourcen mit Technologie zu bewirken. Darum müssen Einflussfaktoren bzw. Einzelaspekte von Arbeit als Grundlage der Beachtung menschlicher Faktoren in der Produktionsplanung von Beginn an ihren Niederschlag finden. Ziel einer optimalen Arbeitsumgebung ist der Erhalt von Leistungsfähigkeit und Verringerung von Belastungen des arbeitenden Menschen bei gleichzeitiger Sicherstellung der Effizienz aller Prozesse.

Bereits in den 1990er Jahren wurde erkannt, dass die etablierte Fließbandarbeit nur schwer den wachsenden Anforderungen aus Produkt- und Marktentwicklung genügen würde. Prognostiziert wurde allerdings, dass die Abkehr von der getakteten Fließmontage „noch lange nicht in Sicht" sei (Beck, s. Literaturverz.). Als neue Wege für Fließmontage wurden und werden Aufhebung der Taktbindung, Durchbrechen der Einlinigkeit und Montageinseln für Gruppenarbeit gefordert. Dieser Weg entsprach vom Ansatz her den Erkenntnissen aus den Disziplinen der Arbeitswissenschaft.

In ihren neueren Arbeiten/Studien betonen die Experten als Zukunftsperspektive für die angestrebten flexiblen Produktionskonzepte darüber hinaus noch die Passung bzw. Angleichung zwischen Mitarbeiter-Bedürfnissen und Produktionsanforderungen. Im Fazit muss also der bislang postulierte Widerspruch zwischen standardisierter getakteter und teilautonomer Gruppenarbeit aufgehoben werden.

Da alle Elemente einer getakteten Fließfertigung von Arbeitssoziologen negativ beurteilt werden, müssen innovative Produktionssysteme die fast gegensätzlichen Merkmale der Standardisierung von Prozessen und Zeittakten mit den menschlichen Bedürfnissen nach eigener Kontrolle und Handlungsspielraum vereinbaren können, also die ökomischen **und die menschlichen** Potenziale in der Produktion optimieren.

Die Integration leistungsgewandelter (z.B. aufgrund des Alters oder gesundheitlicher Einschränkungen) Mitarbeiter, aber auch der Aspekt von Prävention gegenüber vielen Auslösern für Leistungsminderung soll schon bei der Planung von Produktionssystemen erfolgen. Bislang wurden in der Industrieplanung jedoch die Bedürfnisse des arbeitenden Menschen immer als sekundär betrachtet und den rein ökonomischen Aspekten von Produktion wurde Vorrang eingeräumt.

Insgesamt gilt es, durch intelligente Nutzung der Digitalisierung gleichzeitig die Wirtschaftlichkeit des Produktionssystems zu erhalten, aber dem arbeitenden Menschen auch Belastungs- und Aufgabenwechsel, Lern- und Interaktionsmöglichkeiten sowie ein Mindestmaß an Selbstregulierung (individuelle Pausen) zu ermöglichen. Physische und psychische Belastungsfaktoren wie Ermüdung durch Monotonie oder Stress durch Zeitdruck sind zu minimieren, Motivation ist zu fördern. Die Bezeichnung „ganzheitlich" verdienen nur solche Produktionssysteme, die Spielräume zur Gestaltung einer menschenorientierten „guten Arbeit" bieten.

Die nicht-digitale schwedische Revolution: Uddevalla 1989

Ein Rückblick auf die achtziger Jahre des vorigen Jahrhunderts zeigt, dass auch damals schon nach Fortschritten bei Produktionssystemen gesucht wurde.

Der hier vorgestellte und für die Automobilindustrie bedeutende Ansatz eines alternativen Produktionssystems ist verbunden mit dem Volvo-Werk bei Uddevalla. Das dort realisierte Konzept wurde gemeinschaftlich von Volvo Managern, Gewerkschaften und Wissenschaftlern entwickelt. Die Umsetzung erfolgte 1989.

Absicht war es, ein innovatives Produktionssystem zu finden mit dem übergeordneten Ziel hoher Wirtschaftlichkeit, aber bei gleichzeitiger Berücksichtigung der Aspekte von Flexibilität und Erkenntnissen der Arbeitswissenschaften. Das Besondere an diesem Konzept war die daraus resultierende Auflösung der Linienfertigung. Anstatt 700 Mitarbeiter auf eine Montagelinie zu verteilen, wurden diese in Gruppen von anfangs jeweils ca. neun Mitarbeitern eingeteilt und an entsprechenden Gruppenarbeitsplätzen eingesetzt. Die Arbeitsinhalte für ein gesamtes Auto wurden in nur vier Arbeitspakete aufgeteilt.

Jede Gruppe erarbeitete somit ¼ des Arbeitsinhaltes eines gesamten Fahrzeuges. Dabei war es den Mitarbeitern freigestellt, wie sie die notwendigen Prozesse ausführten und auch in welcher Reihenfolge. Die **Fehler! Verweisquelle konnte nicht gefunden werden.**bbildung unten mit dem exemplarischen Durchlauf eines Fahrzeuges durch 12 Arbeitszellen mit je 4 Arbeitspaketen (AP) veranschaulicht die Struktur des Produk-tionssystems, das in Uddevalla eingesetzt wurde.

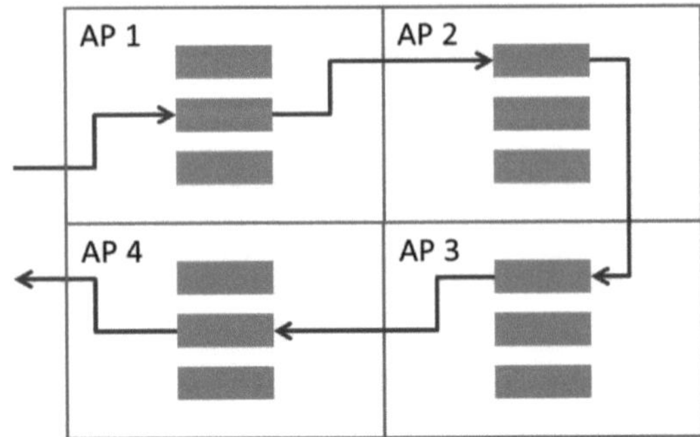

Struktur des Udevalla-Produktionssystems

Jedes Fahrzeug durchfährt somit nur vier verschiedene Gruppenarbeitszellen, bis es vollständig bearbeitet ist. Dabei sind mehrere Arbeitszellen einem Arbeitstakt zugeordnet. Die Zuteilung, welche Station als nächstes angefahren werden soll, wird dynamisch ausgeführt. Damit ist der konkrete Durchlaufplan eines Produktes nicht genau vorhersagbar, sondern richtet sich nach dem Arbeitsfortschritt der einzelnen Stationen. Die Materialbereitstellung wird ebenfalls von der Gruppe übernommen. Diese bedient sich aus einer Art Zentrallager, in dem die Bauteile vorkommissioniert entsprechend der Verbaureihenfolge bereit stehen.

Später wurden auch weitere Konstellationen erprobt, bei denen der gesamte Arbeitsinhalt auf nur zwei Arbeitspakete aufgeteilt wurde. Noch weitergehend wurden Mitarbeiter geschult, im Team komplette Fahrzeuge zu montieren. Zusätzlich wurde noch mit verschieden großen Gruppen experimentiert. Zum Schluss haben in Udevalla nicht mehr als etwa 20 Personen ein komplettes Auto montiert.

Als Ergebnis stellte sich heraus, dass dieses System mit seinen im Vergleich zur Standardlinienfertigung extrem großen Arbeits-paketen für die Mitarbeiter überraschend gut zu meistern war. Darüber hinaus wurde das Produktionssystem aus arbeitswissen-schaftlicher Sicht sehr positiv bewertet, weil es den Mitarbeitern sehr viele Handlungsspielräume und Möglichkeiten der Selbstentfaltung bot. Der sukzessive Einsatz von kommunikativer Gruppenarbeit und einer sehr flachen Organisationsstruktur ergänzten die Verbesse-rung von Arbeitsbedingungen. Zum Schluss war Uddevalla sogar effizienter als Volvos Stammwerk in Gothenburg, wobei allerdings anzumerken ist, dass Gothenburg zum damaligen Zeitpunkt, verglichen mit anderen europäischen Werken, nur eine geringe Performance vorzuweisen hatte.

Bezogen auf Auslastung und Taktzeitspreizungen (Wartezeiten aufgrund zeitlich synchronisierter Prozesse, s.u.) ist festzuhalten, dass die geringe Anzahl von Arbeitsschritten im Fazit die Taktzeitspreizung minimieren half, denn bei vier Arbeitspaketen konnten allenfalls nur an drei Übergabepunkten Taktzeitspreizungen entstehen. Die redundante Anordnung der Arbeitszellen wirkte wiederum vorteilhaft, da freie Arbeitszellen direkt angesteuert werden konnten.

Der Extremfall, dass eine einzelne Gruppe ein komplettes Fahrzeug zusammenbaut, wäre eine Möglichkeit, die Taktzeitspreizungen vollständig zu eliminieren, wobei in diesem Fall schon keine Taktzeit im eigentlichen Sinne mehr vorliegt. Dementsprechend ist die Flexibilität eines solchen Produktionssystems hochgradig ausgeprägt. Eine variantenreiche Fertigung hat hier wenig bis gar keinen Einfluss auf die Taktzeitspreizung. Erwiesen hat sich, dass der durchgehende Einsatz von Montagemitarbeitern bei sehr geringer Automatisierung ein hohes Maß an Produktflexibilität bereitstellt.

Die Schließung des Werkes 1993 wird von verschiedenen Autoren unterschiedlich bewertet. Fest zu halten ist, dass das Produktionssystem von Uddevalla zwar eine hohe Produktflexibilität bereitstellte, aber nur eine geringe Prozessflexibilität hinsichtlich der Automation einzelner Arbeitsschritte besaß. Hierfür war faktisch keine Möglichkeit gegeben, das System basierte ausschließlich auf einer umfangreichen Handmontage. Unabhängig von der Frage, wie die Produktivität im Vergleich zu anderen Produktionsstandorten und -Systemen im Werk Uddevalla damals ausfiel (hierzu gibt es verschiedene Einschätzungen), war es nicht möglich, die Vorteile der zeitgleich stark zunehmenden Automatisierung zu nutzen.

Schließlich wurde das Udevalla Produktionsmodell mit seiner Idee, menschliche Kompetenzen für Flexibilität und Wirtschaftlichkeit zu nutzen, überrollt von einer Euphorie für die aufkommende Automatisierung durch Roboter in der Automobilproduktion.

Aus den Erfahrungen bei Volvo im schwedischen Uddevalla ergab sich, dass bei der menschlichen Gruppenmontage eine hohe Flexibilität in der Produktion möglich war, eine Unabhängigkeit vom maschinengebundenen Takt –und damit Vermeidung von Taktzeitspreizungen- entstand, sowie erheblich verbesserte Arbeitsbedingungen mit viel Autonomie für die Mitarbeiter bewirkt wurde.

Neue Herausforderungen brauchen neue Lösungen

Seit den 1980er Jahren geistert das Schreckgespenst von menschenleeren, nur von Robotern bevölkerten Produktionshallen in den Köpfen der Industriearbeiter. Es speist sich aus zwei Erfahrungen der Vergangenheit: Zum einen aus der Automatisierung der industriellen Produktion insbesondere in den 70er und 80er Jahren des vergangenen Jahrhunderts, zum anderen aus der rasant gestiegenen Massenproduktion der 1950er bis 1990er Jahre. Es stimmt, dass sich das Bild in den Werkhallen durch die höhere Automation seit den 1970er Jahren stark gewandelt hat, jedoch ist eine Massenfertigung identischer Produkte in der deutschen Schlüsselindustrie Automobilbau in der alten Form nicht mehr gegeben. Der Kunde fordert individualisierte Produkte. Das hat zu großer Variantenvielfalt geführt, deren Herstellung sich vollautomatisiert kaum wirtschaftlich darstellen lässt.

Es ist eine krasse Fehlinterpretation, davon auszugehen, dass das effizienteste zu erreichende Produktionssystem eine Produktion ohne Mitarbeiter wäre. Der Mensch wird weiterhin im Produktionsprozess die Kapazität mit dem höchsten Flexibilitätspotenzial bleiben, auch wenn das Gespenst der menschenleeren Hallen durch die Medien gerne beschworen wird. Die für den Arbeiter bedrohliche Emotionalität solcher Entwürfe liefert den Medien die von ihnen gewünschten starken Bilder und den Wirtschaftsführern Einschüchterungsinstrumente.

Auffallend in Deutschland ist, dass fast ausschließlich das Produkt im Fokus von Forschung und Entwicklung steht. Hier wird großzügig investiert, während die Produktionsforschung traditionell in seiner Bedeutung unterschätzt wird. Darum wird die Produktion kaum als Forschungsbereich gesehen, obwohl doch genau sie als die Kuh betrachtet wird, die gemolken werden muss. Stets soll der Output erhöht werden bei sinkenden Kosten. In der Vergangenheit führte dies aufgrund von betriebswirtschaftlicher Logik oft zur Auslagerung von Produktionsstätten in Niedriglohnländer.

Seitdem das Potenzial der Digitalisierung erschlossen wird, geht nun die Entwicklung eher hin zur technologischen Umsetzung von Lohnkostenersparnis in Form von Robotern und automatisierten Anlagen. In diese Technik wird jetzt freizügig investiert. Aber leider werden die Prozesse innerhalb der Produktion immer noch viel zu wenig beforscht, obwohl sich hier ein großer Spielraum für Optimierungen (Kostensenkungen und –Begrenzung) bietet, ohne die menschliche Arbeit abzuschaffen.

Viel Kapazität wird weiterhin allein in die Produktentwicklung gesteckt, um diese Produkte für vollautomatische Fertigung kompatibel zu machen. Stattdessen müsste man die Frage beantworten, ob die Produkte nicht bereits so weit entwickelt sind, dass ein entsprechender Aufwand für die Produktionsplanung deutlich mehr Potenzial heben würde.

Die Konzentration auf automatentaugliche Produktgestaltung mit dem Ziel, menschliche Arbeit zu ersetzen, muss keine ultimative Forderung sein. Es gibt Alternativen für wirtschaftliche Fertigungen, wenn nicht nur das Produkt, sondern besonders das Potenzial eines intelligenten Produktionssystems mit dem Menschen in den Blick genommen wird.

Welches Umfeld erwartet zukünftige Produktionssysteme?

Eine Produktion steht im Spannungsfeld der oben beschriebenen Stakeholder, also von Personen, Gruppen oder Institutionen, die über ihre Ansprüche Einfluss nehmen. Das Zusammenwirken der verschiedenen Stakeholder-Vorstellungen ergibt hochkomplexe Bedingungen, die die wesentlichen Herausforderungen für Prozessplanungen und Produktion (nicht nur) in der Automobilindustrie sind. Der anspruchsvolle Markt mit Beschleunigung und Dynamik auch innerhalb von Marktzyklen wirkt sich direkt auf die Produktion aus.

Als Marktzyklus wird hier der Zeitraum verstanden, innerhalb dessen ein Produkt auf dem Markt angeboten wird, also von Markteinführung bis zur Aufgabe der Produktion. Einzelne Fahrzeuge bzw. Derivate oder Varianten werden immer schneller ausgetauscht, um rechtzeitig auf neue Trends reagieren zu können. Die Geschwindigkeit der Marktzyklen und das Produktportfolio nehmen also zu, aber als Resultat nimmt die Anzahl der zu fertigenden Fahrzeuge je Variante stetig ab.

Dieser Trend ist äußerst schwer vereinbar mit den bestehenden Produktionsstrukturen, da diese noch weitestgehend auf den Prinzipien der reinen Massenfertigung in einer getakteten Linie beruhen. Es darf bezweifelt werden, dass das bestehende, mehr als 100 Jahre alte Konzept der herkömmlichen Fließfertigung auf Dauer den sich beschleunigenden Anforderungswechseln gerecht wird. Anstatt nur eine wirtschaftliche Massenfertigung sicherzustellen, muss das Produktionssystem hohen Flexibilitätsanforderungen für unterschiedlichste Varianten bei sich gleichzeitig verkürzenden Produktionszyklen genügen.

Weitere, noch unbekannte technische Umbrüche oder Schwankungen auf dem starken Käufermarkt lassen langfristige Prognosen kaum zu, dennoch müssen zukünftige Produktionssysteme auch solchen noch nicht spezifizierten Anforderungen standhalten. Weil die Ausgangssituation zum Zeitpunkt der Produktions-Konzeptionierung stark abweichen kann von den Anforderungen einer später eintretenden Situation, bergen die bestehenden, eher starren Produktionssysteme hohe Risiken.

Für den Wertschöpfungsprozess lässt sich festhalten, dass aufgrund der Divergenz zwischen hohen Investitionskosten und sinkenden Stückkosten bei gleichzeitig steigender Dynamik der Anforderungen eine zukunftssichere Produktionsgestaltung nicht allein nach dem aktuellen Produkt ausgelegt werden darf. Auch mittel- bis langfristige Änderungen und Ungewissheiten der Märkte sowie weitere veränderliche Rahmenbedingungen durch Gesellschaft und Politik müssen als Faktoren der Anforderungen in den Fokus einer vorausschauenden Produktionsplanung rücken.

Solange der Kunde zunehmend individualisierte Produkte mit immer kürzeren Nutzungszyklen haben will, ist und bleibt eine 100%ige Automation nicht wirtschaftlich. Die ansteigende Flexibilisierung macht es unumgänglich, auf das rasche Reaktionsvermögen menschlicher Arbeitskraft zurück zu greifen. Nur damit lässt sich die vom Kunden geforderte, anwachsende Variantenzahl realisieren, selbst wenn sich viele Aufgaben des arbeitenden Menschen dabei verändern werden.

Zukunftssichere Produktionskonzepte müssen ein weit reichendes Maß an Flexibilitätsaspekten kombinieren. Benötigt werden dafür innovative Systeme, die stabil aufgestellt sind gegen schwankende Anforderungen sowie gegen Unwäg-barkeiten der Zukunft.

Konsequenterweise muss überlegt werden, ob nicht ein Paradigmenwechsel sinnvoll bzw. sogar notwendig ist. Wenn der rein betriebswirtschaftlich segmentierten Betrachtungs-weise eine ganzheitliche Anschauung übergeordnet wird, in der der menschliche Faktor die ihm zustehende Bedeutung

erhält, wird ein neu gedachtes Produktionssystem zwingend. Es gibt nämlich keine flexibleren Systeme, als sie der von Technik unterstützte Mensch verkörpert.

Anforderungen an die Produktion der Zukunft

In der Produktionsforschung ist es ein häufig wiederholter Fehler, dass die Anforderungen der Zukunft an Produktionssysteme nicht richtig bzw. nicht weitreichend genug analysiert werden. Dies zeigt sich bereits in der universitären Forschung: Hier werden gerne vereinfachende Annahmen getroffen, -was zwar legitim ist-, die aber der Realität nicht gerecht werden. Eine der typischen theoretischen Annahmen ist, dass ein Produkt über lange Zeiträume unverändert hergestellt würde und die Nachfrage zu hundert Prozent stabil bliebe oder, dass die Wirtschaftlichkeit einer Anlage wenig relevant sei. Der Hintergrund dürfte der Grund sein, dass versucht wird, möglichst einfache, lineare Optimierungen zu konzipieren. Die Realität ist aber komplexer.

In der Praxis dagegen, also in der Industrie, steht immer noch das Produkt dermaßen dominant im Vordergrund, dass die Produktion sich diesem immer anpassen muss. Die Produktionsplaner sind meistens ziemlich stolz darauf, dass sie letzten Endes irgendwie alles, was die Produktentwicklung "über den Zaun wirft", gefertigt bekommen. Aber eine frühzeitige Kommunikation zwischen beiden Bereichen und Absprachen zur fertigungskompatiblen Gestaltung des neuen Produktes könnte erheblichen Synergiegewinn (hier: Kapazitätseinsparungen) bewirken.

Allerdings ist bei den zunehmend betriebswirtschaftlich und abnehmend technisch fundierten Managements zu beobachten, dass die Auslegung einer Produktionslinie vereinfacht und isoliert betrachtet wird. Der Natur eines Controllers liegt es eben näher, mit fixen Werten als mit Wahrscheinlichkeiten zu rechnen. Genau darum geht es aber: Um das Berücksichtigen von variablen Größen und deren Wahrscheinlichkeiten. Starke Marktdynamik mit schwankender Nachfrage und die erforderliche Umrüstbarkeit auf neue Produkte bedingen eine hohe Komplexität, die allein durch Investitions- und Wirtschaftlichkeitsrechnungen über sehr begrenzten Zeitraum nicht vollständig abgebildet werden kann.

Ein alt hergebrachtes Management aus den 1960er Jahren konnte durch ein praxisnahes Gespür für das Zusammenwirken der unterschiedlichen, sich verändernden Bedingungen gelegentlich durchaus effizienter sein als die heutigen "modernen" Managements. Selbst ausgeklügelte Algorithmen können nämlich ein gutes Bauchgefühl nicht toppen. Die Fähigkeit eines Gesamtsystems, variierende Bedingungen zu antizipieren und schnell darauf zu reagieren, kann gerade in der Produktion große finanzielle Potenziale heben. Stattdessen wird in mangelnder Weitsicht heute fast immer nur die Produktion dem jeweils aktuellen Produkt angepasst.

Vergleicht man die zuvor analysierten Marktanforderungen mit den Merkmalen und Stärken der aktuell genutzten Produktionssysteme im Automobilbau, zeigt sich das Dilemma einer offensichtlichen Unvereinbarkeit. Trotz des seit Jahren zu beobachtenden Bedürfniswandels auf dem Kundenmarkt wurde eine signifikante Erhöhung des Flexibilitätspotenzials in der Produktion vernachlässigt. Die eingesetzten Produktionssysteme fokussieren weiterhin die Synchronisation aller Prozesse. Anpassungen erfolgen durch Implementierung in die bestehenden Systeme, deren Kern im Wesentlichen immer noch die uralte Linienfertigung nach Ford ist.

Dementsprechend liegt der Schwerpunkt von Produktionsplanung im Automobilbau noch immer auf der Synchronisation und Glättung aller Prozesse, im weitesten Sinne basierend auf dem Toyota Produktionssystem, das weiter unten noch skizziert und hinterfragt wird (s. "Suche nach Effizienz"). Es ist nicht davon auszugehen, dass dieses System den zukünftigen, -aber teilweise auch schon aktuellen-, Marktanforderungen weiterhin entsprechen kann. Wie später noch am Beispiel des Phänomens der Taktzeitspreizungen dargestellt werden wird, laufen die tradierten, konventionellen Prozesse den wechselnden Produktionsumfängen einer varianten-flexiblen Produktion entgegen.

Ein innovativer Produktionsansatz muss diesen Widerspruch zumindest teilweise auflösen. Die zwei primären Anforderungen, die es gleichzeitig zu erfüllen gilt, sind

- maximale Flexibilität
- bei Aufrechterhaltung der bestehenden Wirtschaftlichkeit einer Fließfertigung.

Aus der erforderlichen Kombination beider Kriterien (hohe Wirtschaftlichkeit bei gleichzeitig hoher Flexibilität) zeichnet sich das grundsätzliche Dilemma einer ausdifferenzierten Massenproduktion – nicht nur in der Automobilfertigung - ab. Bislang wurde unterstellt, dass höhere Flexibilität in der Fertigung ein relativ sinkendes Volumen bedingt, was für traditionelle Produktionssysteme auch zutrifft. Flexibilisierung wird im Übrigen auch als asymmetrisch zum Nachteil der Mitarbeiter beschrieben, weil flexible Marktbezogenheit bei stabiler Produktion immer den Vorrang vor deren Bedürfnissen habe.

Diese alten Konzepte greifen also zu kurz, sie müssen überwunden werden. Ein innovatives System wie die Matrix-Produktion muss den noch immer negativ auftretenden Zusammenhang (mehr Flexibilität führt zu weniger Output) durchbrechen und auf Basis einer effizienten Fließfertigung dennoch ein maximales Maß an Flexibilität bieten. Weil der Mensch über eine weitaus höhere Flexibilität verfügt als jede Maschine, wird seine Arbeit in der Matrix-Produktion explizit in den Vordergrund gestellt.

Darüber hinaus müssen als weitere Anforderungen an moderne Produktionsstrategien ebenfalls die gesellschaftlichen Entwicklun-gen und soziotechnischen Fortschritte berücksichtigt werden. Insge-samt geht es darum, eine intelligente Verknüpfung menschlicher Ressourcen mit Technologie zu bewirken. Die im Kapitel "To-Do-Liste: Bessere Arbeitsbedingungen mit optimierter Wirtschaftlichkeit vereinbaren" erläuterten Einflussfaktoren bzw. Einzelaspekte von

Arbeit werden als ausreichend angesehen, um als Grundlage für die Beachtung menschlicher Faktoren in der Produktionsplanung zu dienen. Das festgestellte Ziel einer optimalen Arbeitsumgebung ist danach der Erhalt von Leistungsfähigkeit sowie Verringerung von Belastungen des Mitarbeiters bei gleichzeitiger Sicherstellung der Effizienz der Prozesse.

Die nachfolgende Auflistung fasst die Anforderungen an innovative Produktion, inklusive der Unteranforderungen zusammen.

Maximale Flexibilität	<ul><li>Marktflexibilität</li><li>Produktflexibilität</li><li>Skalierbarkeit</li><li>anpassbare Mechanisierung und Automatisierung</li></ul>
Wirtschaftliche Massenfertigung	<ul><li>optimale Nutzung der vorhandenen Kapazitäten (maximale Auslastung)</li><li>störungsfreier Betriebsablauf</li><li>minimale Transportaufwendungen</li><li>niedrige Investitions- und Betriebskosten</li><li>geringe Kapitalbindung in Anlagen und Beständen</li><li>Minimierung der Personalkosten</li></ul>
Soziale Verbesserungen	<ul><li>Senkung der physischen Beanspruchung</li><li>Senkung der psychischen Beanspruchung</li><li>Erhöhung der Leistungsmotivation</li><li>Lernmöglichkeiten</li></ul>

Da im Grunde alle Elemente einer getakteten Fließfertigung unter den o. g. Prämissen negativ beurteilt werden, müssen neue Produktionssysteme die bisher zumeist gegensätzlich wirkenden Merkmale von Standardisierung (Prozesse, Zeittakte) und menschlichen Bedürfnissen (Kontrolle,

Handlungsspielraum) vereinbaren können. Dann lassen sich sowohl die ökonomischen wie die menschlichen Potenziale in der Produktion optimieren. Die komplexen menschlichen Fähigkeiten sind dabei stets einzubeziehen. Für dieses Ziel sollte das digitale Potenzial einer Industrie 4.0 genutzt werden.

Antwort: Matrix-Produktion

Die digital ausgesteuerte Matrix-Produktion überwindet Denkmuster und Systemgrenzen, sie basiert auf einer ganzheitlichen Betrachtungsweise aller Prozesse einer Fertigung. Als gegeben vermutete Widersprüche wie z.B. Flexibilität versus Volumen oder Automatisation versus Arbeitsplätze werden weitgehend überwunden.

Im Matrix-Konzept lassen sich unterschiedliche Systemebenen aufzeigen. Selbst die einzelnen Arbeitszellen können als Subsysteme innerhalb des Produktionssystems verstanden werden, aber auch das gesamte Produktionssystem kann wiederum ein eigenständiges Subsystem innerhalb eines Konsortiums mehrerer Produktionsstätten sein. Insofern bewirken Steuerungs-Eingriffe in einer Matrix-Produktion nicht nur die isolierte Veränderung einzelner Merkmale, sondern eine Abstimmung des gesamten Funktionssystems.

Übertragbarkeit der Matrixsystematik auf größere Produktionssysteme

Unter Einbeziehung verschiedenster Produktvarianten, Vormontagen oder sogar Zulieferer lassen sich übergreifende, globale Makrosysteme abbilden und konzernweite Synergien nutzen. Selbst Systeme, die völlig unterschiedliche Produkte fertigen, könnten branchenübergreifend Synergien nutzen, falls für deren Produkte ähnliche Bauteile verwendet werden (Beispiel: Baumaschinen/Nutzfahrzeuge).

Vergleicht man die Komplexität der Matrix-Produktion mit der der klassischen Linienfertigung, zeigt sich ein erheblicher Unterschied. Die aus der Varietät von Elementen und Kopplungen resultierende Komplexität ist in der Matrix-Produktion ungemein höher. Während bei der klassischen Linienfertigung jede Arbeitsstation nur mit zwei weiteren (der vorherigen und nachfolgenden Station) verbunden ist, kann in der Matrix-Produktion jedes Element mit jedem anderen verbunden sein. Damit ist die Gesamtzahl der Beziehungen, aber auch die Anzahl der unterschiedlichen Beziehungen, exponentiell höher.

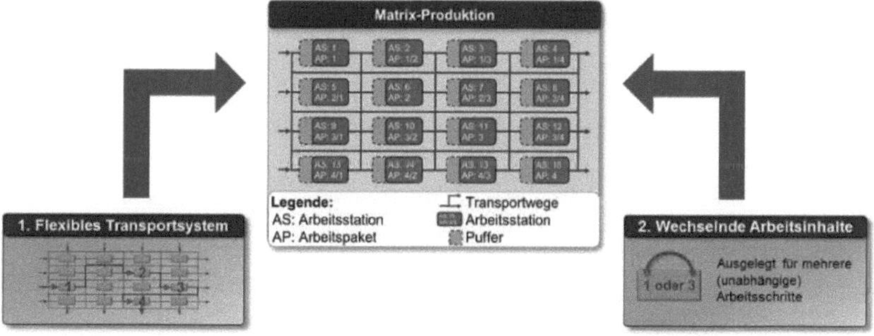

Wechselnde Beziehungen von Elementen in der Matrix-Produktion

Diese hohe Komplexität erzeugt jedoch keine erhöhten Anforderungen an den Bediener, denn sie wird durch eine digitale, computergestützte Steuerung geregelt und verwaltet. Tatsächlich reduzieren sich einige Ansprüche an den Benutzer (Montagearbeiter oder Planer) eher, weil die digitale Steuerung alle Subsysteme getrennt betrachtet und eine manuelle Synchronisation nicht mehr erforderlich ist.

Das hervorstechende Merkmal der Matrixproduktion ist, dass die Synchronisierung des Systems durch die digitale Steuerung übernommen wird. In der klassischen Produktionsplanung nach Taylor oder im TPS werden alle Prozesse manuell aufeinander abgestimmt und deshalb einfach gehalten, damit der Mensch den Überblick behält. Dort muss sich der Mitarbeiter dieser manuell geschaffenen Synchronie (dem Maschinentakt) anpassen. In der Matrix wird die Synchronie automatisch vom Computer unter Nutzung der Informationsströme nach I4.0 erledigt. Der Mensch ist nun zwar nicht mehr in der Lage, alle Prozesse manuell nachzuvollziehen, dafür passt sich aber nun die Maschine dem Menschen an

Es fällt eine interessante Ähnlichkeit der Matrix-Produktion zu biologischen Zellstrukturen auf. Es finden sich vergleichbare Abhängigkeiten, Spezialisierungen und komplexe Strukturen, wie biologische Organismen sie aufweisen. Lebenden Organismen vergleichbar kann die Matrix-Produktion die Nutzung und Zuordnung ihrer Zellen dynamisch zueinander gestalten und sich (technisch-)evolutionär an zukünftige Anforderungen und Entwicklungen anpassen.

Flexible Prozesse sind nötig

Letztendlich lassen sich die umfassenden zukunftsorientierten Anforderungen an neuartige Produktionssysteme weitgehend auf die Forderung nach einer flexiblen Prozessgestaltung zusammenführen. Nicht zur Disposition steht hierbei das Paradigma einer wirtschaftlichen Massenfertigung im Automobilbau.

Abgesehen vom schwedischen "Udevalla Versuch" (s. dort) scheiterten alternative Konzepte bisher an der Hürde der Kombination von Massenproduktion, mindestens gleichbleibender Wirtschaftlichkeit und hoher Flexibilität. Vorhandene Ansätze zur Flexibilisierung der Produktion gehen häufig auf Kosten der Wirtschaftlichkeit. Ein neues Konzept mit flexibleren Prozessen muss also mindestens dieselbe Wirtschaftlichkeit wie die bestehenden Fertigungsprozesse im Automobilbau aufweisen.

Konzepte, die nur die Produktionsplanung bzw. -steuerung betreffen, sind in ihrer Wirkung viel zu eingeschränkt, um eine optimale, dynamisch anpassbare Variantenfertigung sicherzustellen.

Bezogen auf die Linienmontage erfordern dynamische Prozesse die Entkopplung der bisher starr angeordneten einzelnen Arbeitszellen und ihrer gegenseitigen Abhängigkeiten mit dem Ziel, auf diese Weise je nach Umsetzungstiefe unterschiedlich weit reichende Flexibilität nach den folgenden Ansatzpunkten herzustellen.

Auf der Ebene des Gesamtsystems:

- Skalierbarkeit
- Universalität (hinsichtlich der Varianten)
- Strategische Flexibilität (Fähigkeit, sich auf noch unbekannte Entwicklungen einzustellen)

- Kundenflexibilität (nachfrageorientierte Einschleusung entsprechend des Kundentaktes, ohne Vorsequenzierung)
- Auf der Ebene der Bauteile:
- Arbeitsprozessflexibel (hinsichtlich konstruktiver bzw. fügetechnischer Änderungen)
- Auf der Arbeitszellenebene:
- Arbeitsgestaltung
- Betriebsmittel
- Personal (Anzahl und Leistungsfähigkeit)

Dabei darf das Linienprinzip der bestehenden Montagekonzepte der Fahrzeugfertigung zwar in Frage gestellt werden, doch die Aufrechterhaltung eines Fließkonzeptes soll weiterhin die Wirtschaftlichkeit der Automobilmassenfertigung garantieren.

Weil die Matrix-Produktion es erlaubt, unterschiedlichste Varianten und Modelle in derselben Mixfertigungs-Linie zu produzieren, ergeben sich erweiterte Möglichkeiten bei der Aufteilung des Produktionsvolumens zwischen verschiedenen Standorten. Diese Verteilung kann jederzeit nachfrageorientiert angepasst werden, denn die Matrix-Produktion ist nicht darauf angewiesen, eine gleichbleibende, variantenspezifische Verteilung einzuhalten.

Sie ist nicht nur in ihrer Variantenverteilung, sondern darüber hinaus auch in ihrer Ausbringung voll skalierbar. Entgegen der klassischen Linienmontage kann die Anzahl aktiver Arbeitsstationen in der Matrix-Produktion variieren, ohne die Auslastung der verbleibenden Stationen negativ zu beeinflussen. Damit kann die Ausbringung auch in sehr kleinen Einheiten dynamisch skaliert und auf Nachfrageschwankungen direkt reagiert werden.

Die aktuelle Auslegung von Produktionssystemen im Automobilbau beruht auf der ganzheitlichen Synchronisation aller Prozesse. Damit wird im Allgemeinen derzeit gerade noch eine effiziente und wirtschaftliche Fertigung erreicht. Um jedoch die Anforderungen einer produkt- und volumen- flexiblen, den Marktbedürfnissen sowie dem Menschen angepassten Produktion zu realisieren, müssen auch die

einzelnen Prozesse flexibilisiert und potenziell entkoppelt werden.

Aspekte von Flexibilität

So, wie das Produkt direkt aus den Marktanforderungen hervor geht, ergibt sich das zugehörige Produktionssystem zunächst aus dem jeweiligen Produkt. Unter vorausschauenden Erwägungen ließe sich das Produktionssystem auch aus den jeweiligen Marktanforderungen ableiten. Dies führt zu der Überlegung, die Auslegung des Produktionssystems perspektivisch auf die Marktsituation im Ganzen auszulegen. Auf diese Weise lassen sich dynamische bzw. zeitlich variable Einflüsse besser integrieren. Für die Automobilproduktion treffen die folgenden Rahmenbedingungen zu:

- Zunehmende Komplexität der Produkte
- Wirtschaftliche Massen-Mixfertigung
- Zunehmende Varianten- und Modellvielfalt
- Kürzer werdende Marktzyklen
- Zunehmende Planungsunsicherheiten
- Demographischer Wandel (regionsspezifisch)
- Neue gesetzliche und gesellschaftliche Anforderungen
- Neue Hersteller, die nicht an große Investitionen gebunden sind

Die kontinuierlich zunehmende **Komplexität** der Fahrzeuge ergibt sich im Wesentlichen durch technische Weiterentwicklungen, sowohl produkt- als auch produktionstechnisch. Für neu entwickelte Antriebsarten werden neuartige Produktionskompetenzen erforderlich. Da die Entwicklungen derzeit mehrgleisig verlaufen und das Rennen noch nicht entschieden ist zwischen Brennstoffzellen mit Wasserstoff oder Elektro-Akkus mit gesteigerter Reichweite und jederzeit noch weitere Innovationen auftauchen können, muss sich die Produktion flexible Optionen offenhalten.

Das notwendige Expertenwissen für einzelne Technologien kann nur noch von spezialisierten Zuliefern bereitgestellt werden. Damit verlagern sich Produktionsinhalte zu den Zuliefern, die in Anzahl und Bedeutung zunehmen. Die Steuerung der Material- und Logistikflüsse wird für die Hersteller folglich weiterhin an Relevanz gewinnen. Hier kann die Produktionsgestaltung durch ausfallsichere Systeme (bezüglich Lieferstörungen) unterstützen.

Die **Wirtschaftlichkeit** ist als Imperativ eines Unternehmens selbstverständlich. Dennoch muss unter Berücksichtigung der anderen Rahmenpunkte darauf hingewiesen werden, dass es unrealistisch ist, anzunehmen, dass der durchschnittliche Kunde in Zukunft bereit oder in der Lage wäre, relativ zum Einkommen mehr für sein Fahrzeug zu bezahlen. Die zukünftigen und zusätzlichen Anforderungen müssen weitestgehend kostenneutral für den Kunden realisiert werden können. Damit ist ein Abrücken von der **Massenfertigung** trotz der hohen Individualisierungsansprüche ausgeschlossen. Gefordert ist eine kundenindividuelle Massenfertigung (auch: Mass Customization).

Wie oben dargestellt, liegen die Ursachen für die stark zunehmende **Variantenvielfalt** im Automobilbau bei verschiedenen Stakeholdern. Prinzipiell ist davon auszugehen, dass dieser Differenzierungstrend sich noch verstärken wird. Alternative Antriebe könnten dabei eine wichtige Rolle spielen, da hier die Differenzierung zu bereits bestehenden Produkten besonders groß ist. Die insgesamt zunehmende Varianten- und Modellvielfalt wird wahrscheinlich die bedeutendste Herausforderung für neuartige Produktionssysteme, weil eine effiziente Massenfertigung trotz ggf. sinkender Absatzzahlen spezifischer Modelle gewährleistet bleiben muss. Notwendig sind Fertigungssysteme, die eine hohe Flexibilität hinsichtlich Prozesstiefe und -breite aufweisen können.

Die **Produktvielfalt** führt neben höheren Montagezeitspannen auch zu deutlichen Bandverdichtungen (d.h. Erhöhung der Anzahl von Betriebsmitteln und Material, das an der Produktionslinie bereitgestellt werden muss) mit dem Nachteil, dass die Folgen von Störungen, wie z.B. der Ausfall eines Betriebsmittels, sich äußerst empfindlich auf die gesamte Montagelinie auswirken und zeitweise zur kompletten Blockade führen können. Zudem sind die Investitionskosten für die Fließfertigung insgesamt relativ hoch, wohingegen die stückbezogenen Kosten tendenziell erheblich niedriger ausfallen.

Zusätzlich ist davon auszugehen, dass die **Marktzyklen** sich noch weiter verkürzen werden. Auf Grund der relativ hohen Investitionskosten für die Fließfertigung im Vergleich zu den stückbezogenen Kosten stellt sich die Aufgabe, ein Produktionssystem zu gestalten, in das sich neue Produkte jederzeit flexibel einplanen lassen.

Für westliche, insbesondere deutsche Produktionsstandorte gilt es auch, die aus einer alternden Gesellschaft resultierenden Anforderungen zu berücksichtigen. Der zunehmende **demographische Wandel** (Alterung der Gesellschaft) erfordert Produktionssysteme, die eine Arbeitsumgebung schaffen, die für alle Montagemitarbeiter bis zur Rente angemessen ist. Hierfür sind zwei Anforderungen seitens der Produktion zu erfüllen: Arbeitsplätze müssen nicht nur ergonomisch optimiert sein, sondern auch individuelle Anpassungen erlauben. Dies bedeutet, dass einzelne Mitarbeiter mit ihrem jeweils individuellen Leistungsprofil in den Arbeitsprozess einbezogen werden können.

Insgesamt muss ein Maß an Flexibilität erzielt werden, das es ermöglicht, auch auf noch unbekannte oder nicht vorhersehbare Entwicklungen reagieren zu können. Wie zuvor skizziert, gibt es einige **Ungewissheiten** bezüglich der Entwicklung des Automobilmarktes, die sich nur schwer einschätzen lassen. Dazu könnten gehören: Das Tempo der Durchsetzung von Elektromobilität, die Ausprägung autonomer Mobilitätskonzepte oder Auswirkungen politisch motivierter Restriktionen bzw. Förderungen.

Fakt ist, dass die zunehmend erforderliche Flexibilisierung es unumgänglich macht, auf menschliche Arbeitskräfte zurück zu greifen, denn es gibt keinen Roboter, der flexibler ist als ein Mensch.

Dieser verfügt über ausreichend vielschichtige Kompetenzen, um die vom Kundenwunsch erzeugte Variantenvielfalt zu bewältigen.

Die wichtigste Flexibilitätsanforderung an die Produktion betrifft somit die Fähigkeit, sich dynamisch auf neue Bedingungen einstellen zu können. Komplexe menschliche Denk- und Assoziationsfähigkeit gepaart mit Erfahrungswissen in Kombination mit schnell reagierenden, digital errechneten Algorithmen zur Steuerung der Matrix-Produktion stellt diese Flexibilität zur Verfügung.

Die verschiedenen Formen von Flexibilität in der Produktion

Selbst wenn nur die ökonomischen, materiellen, Kriterien für erforderliche Flexibilität in Produktionssystem betrachtet werden, wird deutlich, dass die bestehenden Systeme an ihre Grenzen gekommen sind. Um das Ziel der Marktflexibilität zu erreichen, müssen auch alle vorgelagerten Produktionsbedingungen flexibilisiert werden. Die gegenseitigen Abhängigkeiten können als Pyramide dargestellt werden.

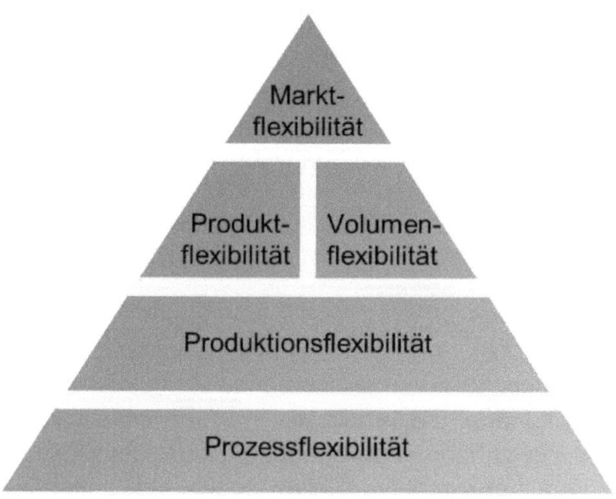

Zusammenwirken der Flexibilitätsaspekte in der Produktion

Die Pyramide ist von oben nach unten zu betrachten: Der Markt fordert eine Flexibilität, die sich in (individuelle) Produkt- und in Volumenflexibilität (schwankende Nachfrage) aufgliedert. Entsprechend flexibel muss die Produktion sein, was im System eine Prozessflexibilität voraussetzt.

- Marktflexibilität
  ist die Fähigkeit, sich an wechselnde Marktanforderungen an zu passen
- Produktionsflexibilität
  bestimmt die Anzahl der verschiedenen Produkte, die ein System aktuell fertigen kann
- Volumenflexibilität
  ermöglicht die Skalierbarkeit der Menge eines Produktes
- Produktflexibilität
  ist die Fähigkeit, neue Produkte oder Änderungen bestehender Produkte ins Produktionssystem zu implementieren
- Prozessflexibilität
  ermöglicht es, das Produktionssystem zu re-konfigurieren und neuen Bedingungen anzupassen

Die Marktflexibilität ist von besonderer Bedeutung für die Automobilfertigung. Flexibel dem Markt gerecht zu werden, bedeutet zwangsläufig, ein hohes Maß an Produktflexibilität bereitstellen zu können bei gleichzeitiger Aufrechterhaltung einer hoch produktiven Massenfertigung. Berücksichtigt man gleichzeitig die verschiedenen Trends, Unsicherheiten und schwankenden Kundennachfragen, muss das System auch skalierbar ist. Dies bedeutet, dass das Volumen flexibel einstellbar ist, ohne ökonomische Nachteile zu bewirken.

Langfristig muss das zu konfigurierende Produktionssystem imstande sein, auf Marktanforderungen und hohe Produktflexibilität schnell reagieren zu können, dies ergibt die Produktionsflexibilität. Diese Forderung erlangt zunehmende Bedeutung unter dem Aspekt der Umbrüche im Automobilmarkt. Um alle Aspekte von zukunftssicherer Flexibilität (Produktions-, Volumen- und Produktflexibilität) gleichzeitig zu realisieren, ist die Möglichkeit zu schneller Anpassung oder Re-Konfigurierung der existierenden Produktionsprozesse erforderlich.

Zusammengefasst ist also die Prozessflexibilität in Kombination mit der Aufrechterhaltung einer hohen Ausbringungsmenge von zentraler Bedeutung bei der Produktion. Die hohen Anforderungen sowohl an Output wie an Wirtschaftlichkeit sollen erhalten bleiben und dürfen nicht zugunsten anderer, berechtigter Anforderungen verschoben werden.

Zukunftsfähige Produktionssysteme müssen es schaffen, die ökonomischen Maximen mit den Bedürfnissen des arbeitenden Menschen zu kombinieren, anstatt eine völlige Automatisierung anzustreben und menschliche Arbeit zu ersetzen. Das innovative Konzept der Matrix-Produktion mit seiner Nutzung von Steuerungsalgorithmen UND menschlicher Arbeitskraft ermöglicht hohe Flexibilität auf allen Ebenen.

Was gehört zu einem Produktionssystem?

Der Verband für Arbeitsgestaltung, Betriebsorganisation und Unternehmensentwicklung (REFA) definiert ein Produktionssystem als geregelte und durchgehende Nutzung von Arbeitsprinzipien, Vorgehensweisen und Instrumentarien im gesamten Unternehmen zur effektiven wirtschaftlichen und sozialen Gestaltung der Prozesse innerhalb aller Geschäftsfelder.

Die Systemtheorie versteht ein Produktionssystem als soziotechnisches System insofern, dass Input (Material, Finanzmittel, Methoden, Energie) in wertschöpfenden (Fertigung/Montage) und assoziierten Prozessen (Transport) zu Output (Produkte, Kosten, Reststoffe) transformiert werden. Dabei wirken auch verschiedene Einflüsse aus der Umwelt bzw. des Umfeldes auf das System ein.

Vorrangige Aufgabe eines Produktionssystems ist die Herstellung eines End- oder Zwischenproduktes. Die Gestaltung und Ablaufsteuerung der Prozesse ergibt eine durch die Aufbau- und Ablauforganisation definierte Aufeinanderfolge von Transformationen. Die zugeordneten technischen Ressourcen erzeugen zusammen mit den menschlichen Kompetenzen und Fähigkeiten die Prozesse in der Produktion. Technische Ressourcen setzen sich zusammen aus Fertigungs- und Montageeinrichtungen, Systemen zur Sicherstellung der Qualität, IT-Systemen, Planungs- und Steuerungssystemen sowie der gesamten Infrastruktur zur Aufrechthaltung der Produktion. Der innere Aufbau, d.h. die Auswahl der Systemelemente und deren Verbindung untereinander wird durch Planungsmethoden determiniert, die somit die Aufbau- und Ablauforganisation des Produktionssystems bestimmen.

Produktionssysteme lassen sich in verschiedene Ebenen bzw. Subsysteme unterteilen, vom Industrieunternehmen als Gesamtsystem über die Fertigungsbereiche bis hin zu den einzelnen Arbeitsplätzen. Dabei darf ein Produktionssystem nicht als statisch angesehen werden. Es umfasst ebenfalls prozessorganisatorische Maßnahmen wie z.B. Reorganisationen, Durchsetzung der Prozessorientierung und Veränderungen der Arbeitsorganisation. Insofern ist ein Produktionssystem im kontinuierlichen Wandel.

Ein kontinuierlicher Verbesserungsprozess sollte in der Struktur bzw. Organisation eines Produktionssystems impliziert sein und von allen Akteuren gelebt werden. Um dies sicherzustellen, werden die Abläufe, Methoden und Regeln standardisiert, wobei das Prinzip einer flexiblen Standardisierung gilt. Auf dieser Basis soll sich das Produktionssystem stetig weiterentwickeln.

Ein Produktionssystem ist das Zusammenwirken von Organisation, Ressourcen, Menschen und Methoden. Bei der Entwicklung des Konzeptes der Matrix-Produktion wurde im Gegensatz zu den meisten vorhandenen Entwürfen vollautomatisierter Produktion wieder der Mensch mit seinen Fähigkeiten und Bedürfnissen gleichberechtigt als wichtiger Bestandteil des Systems in den Fokus genommen.

Materialflüsse im Produktionssystem

Die Organisation von Materialfluss und Logistik ist zwingende Voraussetzung und insofern auch Bestandteil von Produktionssystemen.

Unter dem Materialflusssystem ist die Gesamtheit aller Einrichtungen zur Ver- und Entsorgung aller Arbeitszellen mit Werkstücken und Hilfsmitteln zu verstehen (REFA). Das moderne logistische Leitbild eines kontinuierlichen Fließens ist vor allem geprägt von einer zunehmenden Verkettung von Fertigungs-, Montage- und Materialflussabläufen in allen Bereichen (von den Zulieferern bis zum Endkunden) sowie einer wachsenden Vernetzung von Produktionsbetrieben und kompletten Fabriken bis hin zur Bildung regionaler und überregionaler Produktionsnetzwerke.

Mit der Strategie des kontinuierlichen Fließens soll eine flexible Lieferbereitschaft bei niedrigen Kosten erreicht werden. Einbezogen sind neben materiellen Gütern und betrieblichen bzw. personellen Kapazitäten auch Informationen und Energie.

Produktionsseitig sind die logistischen Abläufe inzwischen durch weitere Detaillierung der Fertigungsprozesse und verringerte Fertigungstiefe, aber gleichzeitig auch durch erhöhten Abstimmungsaufwand charakterisiert. In der Produktion soll trotz gestiegener Prognoseunsicherheit eine Reduzierung der Durchlaufzeiten erzielt werden. Der dafür angestrebte durchgängige Materialfluss für alle Produktionskomponenten lässt sich durch Etablierung folgender Merkmale realisieren:

- flache Unternehmensstrukturen
- Flexibilität der Logistik- und Produktionsprozesse
- Unternehmensvernetzung
- verstärktes Outsourcing logistischer Prozesse

- Just-in-Time-Produktion
- Fertigungssegmentierung
- modulare Fabrikstrukturen

Diese Merkmale lassen sich nicht länger vereinbaren mit den alten Taylor'schen Hierarchie- und Entmündigungs-Prinzipien. Wegen der produktseitig wachsenden Komplexität und Variantenvielfalt bei kleiner werdenden Losgrößen und Stückzahlen mussten die sehr fragwürdigen traditionellen Grundsätze Taylors (1856-1915) hinsichtlich Kommunikation und Wissensenteignung der Arbeiter aufgegeben werden.

Bei Material- und Warentransport wird unterschieden nach den Transportarten

- Außerbetrieblicher Transport vom Lieferanten zum Unternehmen und schließlich auch vom Unternehmen zu seinen Kunden.
- Innerbetrieblicher Transport von Material, bspw. vom Wareneingang zum Lager, vom Lager zur Fertigung/Montage, zwischen einzelnen Fertigungen oder von der Endmontage zum Versand.

Bei der Auslegung innerbetrieblicher Transportsysteme stehen im Allgemeinen die Durchlaufzeitverkürzung und Bestandsminimierung mit dem Ziel der Kostenminderung im Fokus. Wesentliche Gestaltungsgrößen dafür sind die Fördergüter, die Förderintensität und die Förderstrecke.

Ein Transportsystem soll so gestaltet, dimensioniert, organisiert und disponiert werden, dass ein bestimmter Beförderungsbedarf unter Berücksichtigung der räumlichen, zeitlichen und technischen Rahmenbedingungen kostenoptimal erbracht wird. Wegen ihrer Bedeutung im Produktionsprozess werden die Logistikstrategien der Just-in-Time (JIT) und Just-in-Sequence (JIS)-Anlieferung kurz erläutert.

Grundsätzlich bezeichnet Just-in-Time eine zeitgenaue Anlieferung von Bedarfsmaterial, um am Zielort eine Lagerhaltung ganz oder zumindest teilweise zu vermeiden. Im Mittelpunkt dieses Konzeptes steht die produktionssynchrone Beschaffung. JIT ist also eine Produktions- und Logistikstrategie, die durchgängige Material- und Informationsflüsse entlang der Wertschöpfungskette erreichen will und dadurch zu einer schnelleren Auftragsbearbeitung und gleichzeitig zur Beschleunigung des Auftragsflusses führen soll. Für das Just-in-Time-Prinzip wird sowohl eine ausgefeilte Logistik als auch eine leistungsfähige Daten-Vernetzung benötigt.

In Ableitung vom Just-in-Time-Prinzip entwickelte sich der Begriff Just-in-Sequence (JIS). JIS bezeichnet die zeit-, art- und mengengenaue Anlieferung von Bedarfsteilen an die Montagelinie **entsprechend dem Fertigungstakt**. Der grundlegende Unterschied zum JIT-Konzept besteht in einer Erweiterung insofern, dass die gelieferten Teile oder Komponenten **in genau der Reihenfolge** angeliefert werden, in der sie in der Produktion verbaut werden. Die Anwendung dieses Prinzips wird dann erforderlich, wenn die Bereitstellungsflächen selbst für kurzzeitige Zwischenlagerungen beim Hersteller zu stark eingeschränkt sind.

In einem Fließsystem als örtlich fortschreitende, zeitlich bestimmte und lückenlose Folge von Arbeitsgängen erfolgt die räumliche Anordnung von Betriebsmitteln und Arbeitsplätzen gemäß dem Fertigungsablauf. Der Produktionsprozess bestimmt also die Anordnung von Menschen und Maschinen. Dieser Typ der Fertigung eignet sich besonders zur Herstellung von Produkten und deren Bestandteilen, die in großen Stückzahlen über längere Zeiträume erzeugt werden. Logistische Kennzeichen dieser herkömmlichen Fließfertigung sind vor allem die Zusammenstellung der Fertigungsmittel entsprechend der Fertigungsablauffolge und eine exakte Kapazitätsabstimmung.

Die Produktionssteuerungssysteme für den Materialfluss unterscheiden sich nach der Richtung, in der die Aufträge innerhalb der Produktion weitergegeben werden. Beim Pushprinzip werden Produkte und Materialien nach Produktionsplan zentral gesteuert in die Prozesskette geschoben, Änderungen führen zu Beständen oder Wartezeiten. Das Pullprinzip ist ein nachfrageorientiertes System und theoretisches Element der Just-in-time-Produktion. Hier wird die Produktion ausgelöst durch einen dem Produktionsfluss gegenläufigen Informationsfluss durch Kanban-Signale (dem Bedarf am Verbrauchsort angepasstes Material-Steuerungssystem). Erreicht wird damit eine bedarfsgerechte Produktion ohne Lagerhaltung, aber mit starker Abhängigkeit vom Lieferanten.

Die zeitliche Organisation des Materialflusses besteht aus folgenden Schritten:

- Bestimmung der Anzahl der Arbeitsvorgänge und ihrer Abfolge
- Bestimmung der Fertigungs- und Transportlosgrößen mit Orientierung auf auftragsbezogene Losgrößen und Minimierung der Durchlaufzeit
- Bestimmung der optimalen Reihenfolge der Lose

Zu den Zielgrößen für die Bestimmung der zeitlichen Organisation gehören:

- menschengerechte Arbeitshinhalte
- hohe Produktivität durch Arbeitsteilung
- geringe Lager- und Transportaufwendungen
- geringe Stillstandzeiten an den Arbeitsplätzen

Den Vorteilen der hohen Durchlaufgeschwindigkeit und der absoluten Transparenz der Logistik in der Fließfertigung stehen die Nachteile der fehlenden Flexibilität und einer hohen Störanfälligkeit gegenüber, denn beim Ausfall einer Station/einer Anlieferung fällt in der Regel die gesamte Fertigungskette aus. Für den arbeitenden Menschen weit gravierender ist jedoch der ihm aufgezwungene Maschinentakt dieses Systems. Diese Abhängigkeit kann und muss aufgehoben werden.

Menschliche Arbeit im Produktionsprozess

Die oben dargestellten Produktionsanforderungen berücksichtigen fast ausschließlich Merkmale, die extern einwirken bzw. technisch definiert sind. Innovative Produktionsplanung muss jedoch explizit auch den arbeitenden **Menschen im Produktionsprozess** und seine Bedürfnisse einbeziehen. Das Ziel einer möglichst hohen Arbeitszufriedenheit wird als gültiges Paradigma für die Produktionsplanung akzeptiert. Daher ist es sinnvoll, grundlegende Aspekte der menschlichen Arbeit festzustellen. Entsprechend der interdisziplinären Arbeits- und Organisationsforschung wird dafür auf die Erkenntnisse aus Ingenieurs-, Wirtschafts-, und Sozialwissenschaften zugegriffen.

Arbeit ohne Ressourcen hinsichtlich Lern- und Entscheidungsspielräumen verhindert die im Menschen angelegten Möglichkeiten zur Entfaltung, also müssen die humanen und die wirtschaftlichen Aspekte von Arbeit miteinander harmonisiert werden. Zufriedene Mitarbeiter stärken nicht nur das Image eines Unternehmens, sondern der Grad der Arbeitszufriedenheit gilt als Indikator für Qualität und Quantität von Leistung. Mit der Arbeitszufriedenheit korrelieren deutlich auch die Faktoren Gesundheit und Fluktuation.

Empirisch abgesichert ist ebenfalls der Zusammenhang zwischen Arbeitszufriedenheit und Motivation. Eine arbeitswissenschaftliche Studie (Wieland) ergab, dass die Arbeitssituation sogar einen stabileren Einfluss auf Arbeitszufriedenheit hat als die persönlichen Merkmale eines Mitarbeiters. Ebenfalls empirisch absichern ließ sich der Zusammenhang zwischen kognitiven Anforderungen mit positiven Beanspruchungszuständen, wobei Regulations-Hindernisse negative Zustände verursachen. Dies entspricht den jahrzehntelang postulierten negativen Auswirkungen bei völliger Fremdbestimmtheit von Arbeit.

Insbesondere in Bezug auf Fließbandtätigkeiten zeigen die Forschungsergebnisse, dass Arbeitszufriedenheit vorrangig durch Merkmale der Gestaltung von Aufgaben und Arbeit bestimmt wird. Insgesamt ergaben die Befunde, dass die Aktivierung persönlicher Ressourcen angenehme Emotionen wie Gefühle von Selbstwirksamkeit und Kompetenz hervorruft, welche die negativen Arbeitsbelastungen wie Nervosität, Unbehagen und Anspannung überwiegen oder ausgleichen können. Durch human-orientierte Arbeitsbedingungen kann eine positive Beanspruchungsbilanz erzeugt werden, denn Arbeitszufriedenheit wird substanziell von der Arbeitssituation beeinflusst.

Aufgabe moderner Produktionssysteme muss es also sein, dem Mitarbeiter möglichst viele Ressourcen anzubieten für selbstbestimmte Entscheidungen mit Handlungsspielraum für Einflussmöglichkeiten. Hindernisse für die Selbstregulierung eines jeden Mitarbeiters müssen reduziert werden.

Arbeitszufriedenheit

Die allgemeine Forderung zur Herstellung und/oder Verbesserung von Arbeitszufriedenheit wurde häufig erhoben und insbesondere in der zweiten Hälfte des letzten Jahrhunderts nach unterschiedlichen Aspekten untersucht. Ohne die Ergebnisse im Einzelnen aufzuführen, kann dem älteren Stand der Forschungs-"Klassiker" entnommen werden, dass der Grad von Arbeitszufriedenheit deutlichen Einfluss hat auf Faktoren wie Gesundheit (bzw. Fehlzeiten), Leistung und Fluktuation.

Die damals angewendeten Forschungsinstrumente waren meist Fragebogenerhebungen, die anhand von Motivationstheorien entwickelt wurden. Neuere Überprüfungen stellen die mit solchen Methoden erhobenen Ergebnisse zwar in Frage, betrachten Arbeitszufriedenheit jedoch weiterhin als Indikator für Qualität und Quantität von Arbeit und formulieren das Ziel humaner **und** wirtschaftlicher Arbeitsbedingungen. Begründet wird dies mit einem zumindest in Westeuropa geltenden Menschenbild des aktiven Menschen, der seine Verhältnisse mitgestalten will.

Die zahlreichen Untersuchungen zu den Auswirkungen von Arbeitszufriedenheit liefern keine einheitlichen Ergebnisse, vor allem, weil unterschiedliche Einzelfaktoren untersucht wurden, jedoch erst die Kombination bzw. Addition von Faktoren sowie persönliche Dispositionen für Arbeitszufriedenheit bestimmend sind. Die Soll-Ist-Bilanzierung zwischen erwünschtem Zustand und vorgefundenen Bedingungen bei der Arbeit kann aber als über-geordneter Maßstab angesehen werden.

Determinanten von Arbeitszufriedenheit sind die Arbeitssituation, die persönlichen Eigenschaften und deren Prozess-Interaktion. Daraus ergeben sich eine Bewertung der Arbeitssituation und eine erbrachte Arbeitsleistung. Im Folgenden werden die maßgeblichsten Faktoren betrachtet, die als Determinanten von Arbeitszufriedenheit gelten.

Arbeitszufriedenheit ist eine veränderliche, von unterschiedlichen Wirkungspfaden abhängige Variable. Bestimmte Persönlichkeitsdispositionen sind maßgeblich dafür, ob herausfordernde Tätigkeiten oder solche mit geringen Anforderungen bevorzugt werden. Einen dominanten Einfluss auf die Arbeitszufriedenheit hat die Arbeitssituation.

Einflussfaktor Motivation

Unbestritten ist ein Zusammenhang zwischen Arbeitszufriedenheit und Motivation. In den letzten Jahren hat sich eine Abkehr von der rein ökonomischen Sichtweise menschlicher Motivation ergeben hin zur Erkenntnis, dass Motivation nicht nur durch äußere Anreize wie monetäre Belohnung, sondern auch durch das Interesse am Tun selbst gefördert und aufrecht erhalten werden kann (extrinsische versus intrinsische Motivation).

Intrinsisch motiviert ist eine Tätigkeit, wenn sich die handelnde Person dabei als selbstbestimmt und kompetent erlebt. Aus sozialpsychologischer Sicht führt es zu einer positiven Wirkung auf intrinsische Motivation, wenn sich Einflussmöglichkeiten und Kompetenz beim Mitarbeiter kombinieren.

Die intrinsische Form von Anreiz muss durch bedürfnisgerechte Arbeitssituationen gleichermaßen den Zielen von Mitarbeitern und Unternehmen entsprechen.

Faktor psychische Belastung

Grundsätzlich bedeutet die Beanspruchung bei der Arbeit nicht a priori auch eine Fehlbelastung, ist also nicht negativ zu bewerten. Doch während die Handlungsfelder zur Verringerung physischer Belastung bei der Arbeit weitestgehend erforscht und realisiert worden sind, gewinnt die psychische Belastung am Arbeitsplatz zunehmend an Bedeutung. Arbeitsanforderungen haben sich von körperlicher Belastung verändert zu Anforderungen an Wahrnehmung, Geschicklichkeit und Monotonie-Resistenz. Damit ergab sich eine Verschiebung der Arbeitsbelastung vom Energiestoffwechsel zum Zentralnervensystem. Der Paragraph 5 des Arbeitsschutzgesetzes berücksichtigt dieses und fordert eine Beurteilung der Arbeitsbedingungen auch zur Ermittlung psychischer Gefährdungen sowie Beurteilungswiederholungen bei Änderungen von Arbeitsabläufen.

Wie oben berichtet, verzeichnen die Krankenkassenreporte von DAK und TK seit 1998 Zunahmen der Arbeitsunfähigkeit aufgrund psychischer Beeinträchtigungen. Diese Erkrankungen verursachen die meisten Fehltage bei Erwerbspersonen und sind von 2000 bis 2016 um 90% gestiegen mit entsprechend zunehmenden Krankheitskosten in diesem Bereich. Inzwischen werden psychische Belastungen aus dem Arbeitsumfeld ebenfalls von den Berufsgenossenschaften als Gesundheits- und Unfallrisikofaktoren stark beachtet.

Stress, enge Zeitvorgaben und befürchtetes Versagen bei nicht verfügbaren Bewältigungsressourcen gelten als Auslöser psychischer Belastung. Neben den Anforderungen durch Aufmerksamkeit, Konzentration, Termin- und Leistungsdruck gelten auch die aus Stress resultierenden Verspannungssymptome als psychisch belastend. Sieben von zehn genannten Belastungsfaktoren am Arbeitsplatz beziehen sich auf psychische Faktoren.

Beispiele für psychosoziale Beeinträchtigungen durch Arbeit sind: Gefühle von Hetze und Arbeitsdruck, aus Isolation resultierende depressive Verstimmungen und Abnahme sozialer Beziehungsstrukturen durch Schichtarbeit. Neu hinzugekommen sind Belastungen durch digitale Dauerverfügbarkeit von Arbeitnehmern, die oft eine Grenzauflösung zwischen Arbeits- und Privatleben bewirkt. Langfristige Beeinträchtigungen solcher Art können zu psychosomatischen Schädigungen führen.

Da psychische Erkrankungen eine deutlich längere Arbeitsunfähigkeit und dadurch höhere Kosten bedingen als somatische Erkrankungen, muss der Stellenwert psychischer Belastungen bei der Arbeitsplatzgestaltung unbedingt mit in den Fokus genommen werden. Für das betriebliche Gesundheitsmanagement ist eine ganzheitliche Konzeption erforderlich unter Einbeziehung jener psychischen Indikatoren, die von Arbeitsorganisation und -Bedingungen beeinflusst werden.

Bekannt ist, dass die Addition von Belastungsfaktoren zu negativer Belastung führt und dass eine deutliche Relation zwischen der Leistungsfähigkeit und dem Gleichgewicht zwischen Belastung und Pausen besteht. Ziel einer guten Arbeitsumgebung ist nicht ein völliger Belastungsabbau, sondern eine Optimierung der Beanspruchung, also eine positive Beanspruchungsbilanz. Dementsprechend wird aus arbeitspsychologischer Sicht gefordert, Arbeitsmethoden und - Bedingungen so weit wie möglich auf die individuelle Leistungsfähigkeit des jeweiligen Mitarbeiters abzustimmen, um so eine Optimierung der Beanspruchung zu erreichen.

Diverse wissenschaftliche Arbeiten untersuchen seit langem sowohl Auslöser und Bedingungen als auch Minderungsfaktoren für psychische (Fehl-) Belastungen. Danach entwickeln sich Belastungen wie Ermüdung und Konzentrationsschwäche aus entfremdeter Arbeit ohne Möglichkeiten für Kreativität oder Einfluss auf die Prozesse. Insbesondere sind es die nur geringfügig veränderbaren Arbeitssituationen im unteren Qualifizierungssegment, die psychische Störungen verursachen.

Zwar liegen nur wenige gesicherte Erkenntnisse vor zur Wirkung der neuen, flexiblen Arbeitssysteme auf das menschliche Wohlbefinden, aber 50% der Befragten aus einer Stichprobe (n= 20.000) gaben als Spitzenreiter von Belastung „ständig wiederholende Arbeitsvorgänge" an. Als Spielraum bei der Arbeit werden folgende Möglichkeiten genannt: eigene Planung von Zeitrhythmus und Abfolgen der Handlungs- und Aufgabenreihen sowie der Pausen. Als weitere Faktoren zur Belastungsreduzierung gelten Vorhersagbarkeit, Möglichkeiten zur Regulierung (Kontrolle, Einflussnahme), sowie Entscheidungsspielräume bei der Arbeit.

Monotonie, aber auch Zeitdruck und quantitative Überbelastung sind psychische Stressfaktoren bei der Arbeit an der Linienfertigung. Sie könnten jedoch wesentlich gemindert werden beim Vorhandensein von Ressourcen wie Kompetenz und Selbstkontrolle, die jedoch entsprechende Handlungsspielräume benötigen. Dies erfordert allerdings eine neuartige, nicht mehr durch den vorgegebenen Maschinentakt gesteuerte Fließfertigung.

Faktor Mitarbeiterbedürfnisse /Arbeitsgestaltung

Eine Annäherung an die konkreten Bedürfnisse der Mitarbeiter im Industriearbeitsprozess kann die Diskussion innerhalb der Vertretungsorganisationen der Arbeitnehmer liefern.

Der Stand der Diskussion in den Gewerkschaften seit etwa 2000 zeigt, dass die Arbeitnehmerschaft Mühe hat, ihre Ansprüche an sich wandelnde Produktionsprozesse zu formulieren. Rainer Salm von der IG Metall (s. Verzeichnis) begründet dies mit einer Art Flickenteppich aus unterschiedlich realisierten Stufen, Formen und Konzepten bzw. einem „Zickzack-Kurs" der Arbeitsgestaltung in Deutschland. Er befürchtete bereits 2001, dass die humanen Aspekte neuer Arbeitsformen (verstanden als Gruppenarbeit) bei der real umgesetzten Arbeitsgestaltung missachtet würden und besonders in der Automobilindustrie ein Roll-back zur alten Linienfertigung geschieht.

Er kritisiert, dass in diesem Roll-back nicht die Gruppenarbeit als solche abgeschafft wurde, sondern die von den Mitarbeitern gewünschten positiven Aspekte von selbstbestimmter teilautonomer Gruppenarbeit verschwunden seien zugunsten taylorisierter, einflussloser Gruppenarbeit. Die vormals zwischen Gewerkschaften und Unternehmen ausgehandelten Standards von Arbeitsbedingungen werden zurückgefahren mit der Begründung von Unwirtschaftlichkeit. Diese Argumentation wird von den Gewerkschaften als Zerfall des arbeitspolitischen Konsenses und kurzsichtige Investitionspolitik bewertet.

Neue Produktionskonzepte würden als innere Widersprüche einerseits das Versprechen qualifizierter interessanter Arbeit mit Verantwortlichkeit enthalten, andererseits jedoch nicht die entsprechenden Kompetenz-Ressourcen bieten. Gleichzeitig würden hohe Flexibilitäts-Anforderungen einen Spezialisierungsdruck erzeugen und durch Marktzwänge entstünden Diskrepanzen zwischen dem „Erforderlichen" und dem „Machbaren". Zudem wird den neuen Produktionskonzepten aus Sicht der Gewerkschaft unterstellt, Mischformen japanischer und amerikanischer (fordistischer) Regulierungen zu sein, die nicht imstande sind, gleichzeitig ökonomische und menschliche Bedürfnisse zu kombinieren. Gewerkschaftler fordern also die Beibehaltung der Autonomie- und Qualifizierungsaspekte bei der Arbeit.

Ein genereller Anspruch von Arbeitnehmerseite ist es, persönlichkeitsfördernde Arbeitsbedingungen zu schaffen, ohne dass dabei die Verbesserung der Arbeitsgestaltung insbesondere hinsichtlich gesundheitlicher Aspekte von Produktivitätseffekten abhängig gemacht wird. Eine „kostendominierte Wiederbelebung von Arbeitspolitik" wird von den Arbeitnehmervertretungen abgelehnt. Der gewerkschaftliche Diskussionsstand auf einer Fachtagung 2012 zu neuen Produktionssystemen akzeptierte weitgehend die Zielsetzung, Produktionssteigerungen mit Qualitätsverbesserung, Liefergeschwindigkeit und zunehmenden Produktvarianten in Übereinstimmung zu bringen, jedoch werden auch die Konflikte der unterschiedlichen Bewertung solcher Systeme gesehen. Teile aus Wissenschaft und Arbeitnehmervertretern betrachten diese Systeme als sehr nachteilig für Beschäftigte, ein anderer Teil vertritt die Auffassung, dass ganzheitliche Produktionssysteme mit menschengerechter Arbeit vereinbar sein können.

Anerkannt bzw. nicht hinterfragt wird dabei das Prinzip der Synchronisation durch Taktung in der industriellen Produktion. Kritisiert wird aber die Ausgestaltung dieser Produktionsweise, wenn sie nur auf Senkung der Arbeitskosten zielt (Arbeitsverdichtung) ohne gleichzeitige Verbesserung von Arbeitsbedingungen. Es wird von Arbeitnehmerseite explizit davon ausgegangen, dass moderne Produktionssysteme fast ausschließlich unter rein technologischen Aspekten ohne Berücksichtigung menschlicher Bedürfnisse geplant werden. Daraus abgeleitet wird der Verlust von Qualifikationen, Erfahrungswissen und Selbstwirksamkeit.

Auf der o.g. Tagung stellte sich heraus, dass empirische Erkenntnisse zu neuen Produktionssystemen kaum verfügbar sind, daher wurde zur Bewertung auf eigene Erkenntnisse aus ca. 2000 Gesprächen mit Betriebsräten zurückgegriffen: Fast durchweg wird Monotonie und psychische Fehlbelastung/Ermüdung bei der Arbeit in neuen Produktionssystemen bemängelt, alle Elemente einer getakteten Fließfertigung werden negativ beurteilt, lediglich die Standarisierung wird oft als Entlastung empfunden.

Als Mindeststandards der Arbeitsgestaltung fordert die IG Metall u.a., dass sich die Unternehmen als lernende Organisation verstehen, dass Taktzeiten etabliert werden, die von Mitarbeitern als ausreichend empfunden werden (Mindesttaktzeiten), feste Standards im Arbeits- und Gesundheitsschutz sowie die Realisierung von Möglichkeiten zum Lernen und Kompetenzerwerb, zu spezifischen Pausen, zur Integration älterer und/oder leistungseingeschränkter Mitarbeiter und zu Gruppenarbeit. In getakteten Systemen werden Puffer gefordert zur Minderung des Stresses durch Zeitdruck sowie abwechselnde Tätigkeiten.

Die oben zusammengestellten theoretischen und erfahrungsbezogenen Aspekte für Arbeitsplatzgestaltungen sollten ebenfalls als Kennzeichen für moderne Produktionssysteme gelten und ihr Realisierungsmaß bewertet werden. Tatsächlich werden Produktionssysteme bisher ausschließlich nach ökonomischen Kriterien bewertet. Ihre Wirtschaftlichkeit wird definiert nach der Relation von Erlösen und Kosten. Unter Erlös wird der erzielte Absatz oder die erreichte Ausstoßmenge in monetären Einheiten verstanden. Kosten beschreiben die eingesetzten Güter und Leistungen zur Erstellung der Produkte in monetären Einheiten. Eine Produktion ist wirtschaftlich, wenn der Erlös größer als die Kosten ist, wobei eine immer größere Differenz angestrebt wird.

Zusammenfassend können als Merkmale für Arbeitsanforderungen, die den Erkenntnissen aus Arbeits- und Organisationspsychologie entsprechen, die folgenden definiert werden: Zeitelastizität, Anforderungsvielfalt, soziale Interaktion, Autonomie sowie Lern- und Entwicklungsmöglichkeiten. Im Rahmen der Industrie 4.0 kann und wird ein innovatives Produktionssystem wie die Matrixproduktion mehr bieten als bloße monetäre Wirtschaftlichkeit. Sie betrachtet den Faktor Mensch als hohe Priorität und berücksichtigt seine Bedürfnisse.

Faktor Qualifizierung durch Rahmenbedingungen

Mitarbeiterqualifizierung beruht nicht nur auf formaler Qualifizierung, sondern kann bei ganzheitlicher Betrachtung durch Gestaltung der Arbeitsplatzbedingungen erreicht werden. Arbeit ist ohnehin das wichtigste Umfeld zur Persönlichkeitsentwicklung bei Erwachsenen. Dieser Erkenntnis entspricht auch die Beobachtung, dass sich ein handlungsorientierter Ansatz zur Ressourcenfreisetzung bei

Mitarbeitern bewährt. Ein großes Potenzial nicht formulierten Erfahrungswissens ist als Kompetenz bei ihnen vorhanden und wird im Tätigsein weitergegeben. Für kreative Problemlösungen müssen allerdings auch Spielräume für Reflexion und Kommunikation vorhanden sein. Weitere qualifizierende Bedingung ist eine Arbeitsteilung in Gruppen, sie bietet als Vorteile:

- erweiterte Flexibilität bei Arbeitsschritten
- verbesserte Kommunikationsmöglichkeiten
- Erhöhung von Qualität und Produktivität
- Kompetenz- und Qualifikationserweiterung
- Erwerb und Einbindung der unterschiedlichen Kenntnisse mehrerer Arbeitsplätze
- Unterstützung bei Problemen
- Reduzierung von Fehlzeiten
- Höhere Motivation
- Zunahme von Autonomie, Verantwortung und Kontrollmöglichkeiten

Diese Formen von Qualifizierung und Job-Enlargement in Gruppenarbeit können in einem intelligent konzipierten, digital gesteuerten Produktionssystem konstant ermöglicht werden. Für das konkrete Lernen neuer Aufgaben im direkt-produktiven Bereich gelten arbeitsplatznahe Lernformate als besonders erfolgreich, aber eine Weiterbildung im Schichtbetrieb als anspruchsvolle Herausforderung, speziell, wenn sie im laufenden Betrieb stattfinden soll.

Die bislang als Risikofaktor des Lernens innerhalb von Produktionssystemen befürchtete Unsicherheit bezüglich Lieferterminen aufgrund erforderlicher Anpassungs- bzw. Lernzeiten entfällt bei einer Matrixproduktion, denn eines ihrer hervorstechenden Merkmale ist die Möglichkeit zur Mitarbeiterqualifizierung innerhalb der flexiblen Produktion.

So lassen sich in einer Matrixproduktion einzelne Arbeitsstationen aus dem Fließprozess herauslösen und können als Lernstätte genutzt werden ohne Störungen für die laufende Produktion. Darüber hinaus können wegen der hier gegebenen dynamischen Taktzeiten Lernfortschritte oder Verbesserungen auch im laufenden

Betrieb erprobt werden. Die erzielten Erfolge sind für den Mitarbeiter direkt erfahrbar.

Qualifizierung und Job-Enlargement können in einem intelligenten Produktionssystem konstant ermöglicht werden. Zeiten für Lernprozesse innerhalb des Arbeitsprozesses beeinträchtigen nicht die laufende Produktion.

Faktor Leistungswandlung bei Mitarbeitern

Höhere Lebenserwartungen führen bei gleichbleibender Entwicklung der Bevölkerungsstruktur notwendigerweise zur Verlängerung der Lebensarbeitszeit und die Altersheterogenität innerhalb der Erwerbsbevölkerung wird zunehmen. In der Automobilindustrie lag 2013 das Durchschnittsalter der Beschäftigten bereits bei etwa 44 Jahren, für 2018 wird ein Anstieg auf 48 Jahre prognostiziert.

Durch physiologische Veränderungen/Einschränkungen von Körperfunktionen und Kognition im zunehmenden Alter wird objektiv eine Leistungswandlung der Beschäftigten in Richtung Streuung der Leistungsmöglichkeiten entstehen. Aber dabei werden sich nicht ausschließlich negative Konsequenzen ergeben, weil zunehmende Kompetenzen und Erfahrungswissen viele spezifische Defizite ausgleichen können. Soweit Maßnahmenvorschläge zu diesem Aspekt konkretisiert werden, sind diese allerdings vom Einschränkungsgrad abgeleitet und werden bisher als nachgelagerte Maßnahmen mit Arbeitsplatzwechsel verstanden, obwohl nach dem Stand der arbeitswissenschaftlichen Forschung ein entsprechend angepasstes oder differenzierbares Produktionssystem nötig wäre. Forschungen zum Thema differenzierter Arbeitssysteme im späten Berufsalter sind relativ neu, die vorliegenden Arbeiten betonen jedoch die Notwendigkeit, dass die Arbeit sich der alternden Arbeitnehmerschaft anpassen muss, insbesondere zwecks Erhalt der Arbeitsfähigkeit.

Als Erfordernisse für eine zunehmend heterogene (hinsichtlich Alter, Leistungsminderung) Belegschaft werden zumeist Qualifizierungen und passgenauere Tätigkeiten abgeleitet, explizit auch unter Vernachlässigung von kostenorientierten externen Vorgaben. Speziell in der Automobilindustrie wurden altersabhängige Determinanten zur Arbeitssituation untersucht und Instrumente für Anpassungskonzepte vorgeschlagen.

Unter Berücksichtigung vorhandener Personalstrukturen, der Wirtschaftlichkeit und dem Erhalt der Arbeitsfähigkeit älterer Arbeitnehmer (> 50Jahre) werden für die Montage in der Automobilindustrie als Instrumente genannt: mentale (Arbeitsinhalte) sowie physische (stehend, sitzend) Belastungswechsel, eine relative Zeitautonomie mit Mikropausen und Einfluss auf die Gestaltung von Schichtplänen. Um einseitige körperliche Belastungen zu vermeiden, sollten möglichst weitere Arbeitsschritte z.B. aus der Vor- oder Teilmontage in die Endmontage einbezogen werden.

Umfassender formuliert die Industriegewerkschaft Metall als alternsgerechte Bedingungen eine lerngerechte Umgebung, Einschluss weniger belastender Arbeiten, kleine Freiräume für Minipausen, altersgemischte Teams, betriebliches Gesundheitsmanagement, flexiblere Arbeitszeiten und Durchbrechung von Monotonie. Je älter der Beschäftigte, desto notwendiger sind Erholungspausen.

Nachgewiesen ist, dass Schwerbehinderungen zumeist krankheitsbedingt und die Betroffenen weit überwiegend älter als 45 Jahre sind. Weil körperliche und kognitive Veränderungen Einfluss haben auf die Leistungserbringung, wird es oft als zwangsläufig betrachtet, dass betroffene Personen mit schwankendem bzw. reduziertem Leistungsvermögen in modernen Arbeitssystemen nicht einsetzbar seien. Neue Arbeitssysteme werden gleichgesetzt mit einer zunehmenden Verdichtung und Austaktung der Arbeit bei Wegfall taktungebundener Tätigkeiten. Die derzeit konkret vorgeschlagenen

Maßnahmen zur Integration leistungsgewandelter Mitarbeiter betreffen daher nur Re-Integration auf Schonarbeitsplätze nach Abgleich der Fähigkeiten zum Profil der Arbeitsanforderungen oder die Qualifizierung für andere Einsatzbereiche. Da dieses Instrument in der Praxis schon wegen der Demografie-Entwicklung nicht endlos strapazierbar ist, sind sinnvollere Herangehensweisen an unterschiedliche menschliche Leistungsfähigkeiten geboten.

Das menschliche Leistungsvermögen unterliegt Schwankungen. Mit zunehmendem Alter verlagern bzw. verändern sich einige Kompetenzen. Anstatt leistungsgewandelte Mitarbeiter auszusortieren, kann das innovative Produktionssystem die individuellen Leistungsniveaus berücksichtigen.

Aspekt: Aufgabenwechsel

Einerseits werden wechselnde Aufgaben als ein Kriterium für Arbeitszufriedenheit und positive Beanspruchung bei der Arbeit gefordert, andererseits wird über Probleme der Interferenz bei Aufgabenwechseln berichtet. Vorgeschlagen wird zur Abminderung negativer psychischer Belastung aus Aufgabenwechseln die Möglichkeit der Vorbereitung auf Wechsel, z.B. hinsichtlich Zeitpunkt oder bezogen auf Arbeitsinhalte, oder dass wechselnde Aufgaben gemeinsame Merkmale enthalten sollten. Als positiv wird eine Prozessorientierung von Arbeitswechseln bewertet.

Wechselnde Anforderungen und Aufgabenwechsel im Tätigkeitsbereich beugen grundsätzlich Ermüdung, Monotonie und einseitigen Belastungen vor. Variationsmöglichkeiten im Arbeitsablauf werden insbesondere für ältere Menschen gefordert.

Eine im Interesse der Mitarbeiter gestaltete Industrie 4.0 kann zumindest das menschliche Bedürfnis nach Aufgaben- und Anforderungswechseln durch die Matrix-Produktion erfüllen.

Empowerment

Damit sind mehr Entscheidungsbefugnisse, mehr eigene Gestaltungsmöglichkeiten des Arbeitsplatzes, mehr Zugang zu Informationen und mehr Autonomie, im Fazit also eine ausreichende Selbstbestimmung für den arbeitenden Menschen gemeint.

Die hierfür seit den 70er Jahren des vergangenen Jahrhunderts entwickelten Visionen und die daraus erhobenen Forderungen nach Empowerment fanden zunächst sogar Beachtung in einigen gesamteuropäischen Richtlinien bzw. Direktiven der EU-Sozial-Charta. Im Prozess der Rechtsnormierungen wurden sie aber schließlich aufgeweicht und ihre Umsetzung der Freiwilligkeit europäischer Firmen und Konzerne überlassen. Somit blieb eine Wandlung der Rolle des Arbeitnehmers vom passiven Instrument eines bloßen Ausführenden von Anweisungen hin zum aktiven Gestalter seiner Arbeit dem Goodwill des Arbeitsgeber-Managements überlassen.

Zugegeben: Dort, wo ein modernes Management die Verflachung von Hierarchiestrukturen und mehr Autonomie ihrer Mitarbeiter zulassen, steht kaum die Humanisierung der Arbeit im Vordergrund, sondern es geht um Leistungsoptimierung der Mitarbeiter durch motivationale Effekte und um Reduzierung von Bürokratie. Durch subjektive Arbeitszufriedenheit der Mitarbeiter soll die optimale Nutzung der vorhandenen Potenziale und Fähigkeiten erreicht werden.

Dennoch: Empowerment kann insbesondere dem Arbeitenden in einer Industrieproduktion die Umsetzung seiner Fähigkeiten und damit Selbstbestätigung ermöglichen. Eigenmotiviertes Agieren des Arbeitnehmers führt zur Steigerung der Arbeitsqualität (geringere Fehlerquote der Produkte) und senkt die Fluktuation von Mitarbeitern. Diese Auswirkungen nützen dem Unternehmen. Als Mittel zu echter Mitbestimmung setzt Empowerment eine Vertrauenskultur innerhalb des Betriebes mit einem offenen Informations- und Kommunikationssystem voraus.

Sind solche Bedingungen gegeben, erweisen sich die Einführung von Teamarbeit bzw. Gruppenarbeitsinseln in der Produktion als besonders erfolgreich. Entgegen allen Einwänden von konservativen Managements haben sich die Teamstrukturen in einer Gruppenproduktion als flexibel und innovativ, kompensierend und selbstregulierend erwiesen. Das kollektive Wissen ist dem von Einzelarbeitsplätzen überlegen. Voraussetzung ist aber immer die Bereitschaft der Führungsebene, Verantwortung und Entscheidungsspielraum an die Teams abzugeben.

Der stark gewandelte Planungsaufwand in der Matrixproduktion und insbesondere der Wegfall einer ganzheitlichen Synchronisation aller Prozesse ermöglichen völlig neue Arbeitsinhalte und Teamstrukturen für alle Beteiligten. Neue Arbeitsbereiche können abgestimmt und Alternativen diskutiert werden. Bei der Montage von Automobilkomponenten könnte beispielsweise ein Großteil der Arbeitsplatzgestaltung und die Festlegung der Reihenfolge von Arbeitsschritten innerhalb eines Arbeitspaketes durch die Montagemitarbeiter übernommen werden.

Das Empowerment von Mitarbeitern mit Resultaten, die allen Beteiligten nützen, darf sich nicht ausschließlich nur an den kurzfristigen Börsenwerten des Unternehmens ausrichten. Ein verantwortliches Handeln des Managements muss den Perspektivwechsel wagen und die Gesellschaft im Blick haben, die ihren zukünftigen Markt darstellen soll. Die Matrixproduktion bietet die erforderlichen technischen Rahmenbedingungen. Sie ist damit EINE Lösung der prognostizierten Arbeitsmarkt-Probleme in einer digitalisierten Industrie.

Suche nach Effizienz

Besonders im Mittelstand wird das Toyota-Produktionssystem (TPS) gerne als höchster Ausreifungsgrad von Produktionsprozessen angesehen und gilt vielen noch immer als Beispiel der konsequenten Umsetzung einer effizienten Produktion. Das TPS ist ein von Toyota im Zeitraum von über 50 Jahren entwickeltes System für die Automobil-Serienproduktion.

Bei den Nachahmungen in hiesigen Wirtschaftszweigen wird gern vernachlässigt, dass das TPS nicht primär entstanden ist, um die „bestmögliche" Produktion zu konzipieren, sondern das System sollte es der streng autokratischen japanischen Gesellschaft ermöglichen, nach dem zweiten Weltkrieg zu einer Industrienation werden zu können. Nur durch klar fixierte Vorschriften und Begrifflichkeiten konnten die starren Klassenschranken zwischen den Hierarchie-Ebenen überwunden und eine systematische Zusammenarbeit erreicht werden.

Insofern ist das TPS eher eine Philosophie als eine Technik, die bei der Umsetzung in Deutschland nicht erkannt bzw. durchdrungen wurde. Eine hier im Mittelstand verbreitete Unart ist das Hantieren mit japanischen TPS-Begriffen wie Jidoka, Kaizen oder Kanban. In Japan mussten damals einfache Bezeichnungen gefunden werden (siehe wörtliche Übersetzung), um jedem Mitarbeiter am Band die zugrunde liegenden Ideen nahe zu bringen und ihm die Beteiligung an einer sich optimierenden Produktion zu ermöglichen ohne Ansehen seiner hierarchischen Stellung im Unternehmen.

Müssen wir in Deutschland deswegen unseren Montagearbeitern Japanisch beibringen? Wohl kaum. Damit wird nur der Anschein einer elitären Abgehobenheit präsentiert, jedoch genau das Gegenteil bewiesen, nämlich, dass die Grundidee nicht verstanden wurde. Die stumpfe Nachahmung japanischer Konzepte aus den 1980er Jahren, der Mangel am Hinterfragen und fehlende Prüfung der Umsetzbarkeit in europäische Gesellschaften kann als reaktionäres Handeln bezeichnet werden.

Das postulierte Ziel des TPS ist neben maximaler Wirtschaftlichkeit insbesondere das kontinuierliche Verbessern der Produktionsprozesse. Kernidee ist die Vermeidung jeglichen Verlustes und die Eliminierung von Verschwendung jedweder Produktionsressource (Muda). Dieses Prinzip erscheint in seiner Logik selbstverständlich und ist doch mitunter die größte Quelle zur Optimierung bestehender Produktionssysteme. Die Herausforderung liegt hierbei insbesondere in der Identifizierung von Verschwendungen. Der Prozess des Identifizierens ist zentraler Bestandteil des kontinuierlichen Verbesserns. Verschwendungsarten, die zu eliminieren ist, sind die folgenden:

- Überproduktion
- Ineffiziente Bewegungsabläufe (z.B. lange Laufwege)
- Wartezeiten (z.B. Wechselzeiten von Presswerkzeugen)
- Überflüssiger Transport
- Ungünstiger Herstellungsprozess (z.B. nicht-wertschöpfende Prozesse)
- Überhöhte Lagerhaltung
- Ausschuss und Nacharbeit

Entsprechend definiert Toyota den Begriff der Verschwendung als „alles außer dem Minimum an Aufwand für Betriebsmittel, Material, Teile, Platz und Arbeitszeit, das für die Wertsteigerung eines Produktes unerlässlich ist." Weitere Verschwendungsfaktoren sind ungleichmäßige, nicht optimal synchronisierte Produktionsauslastung und die Folgen der Überbeanspruchung von Menschen und/ oder Maschinen.

Die eigenständige (automatische) Reaktionsfähigkeit des Produktionssystems beim Auftreten von Fehlern, Qualitäts- oder Montageproblemen (Jidoka) stoppt das System automatisch, damit Fehler identifiziert und behoben werden. Letztlich ist die sofortige Fehlerbehebung trotz Produktionsstopps kostengünstiger als viele Nacharbeiten bei weitergeführter Produktion mit Mängeln. Weitere Merkmale des TPS sind:

- Kostenreduktion durch Just-in-Time-Produktion
- Schaffung einer Arbeitsumgebung, die sich flexibel den Prozess-, Produkt- und Nachfrageänderungen anpassen und dabei noch begrenzt individuelle Bedürfnisse der Mitarbeiter berücksichtigen kann.
- Nutzung der Mitarbeiter-Expertise im Zusammenhang mit kleinen Verbesserungen

Bei konsequenter Umsetzung dieser Maßnahmen stellt das TPS ein Produktionssystem dar, das durch eine minimierte Ressourcennutzung (Arbeitskräfte, Fläche, Kosten etc.) eine „schlanke Produktion" (Lean-Production) ausmacht. Bei der **Lean Production** (auch unter den Begriff „Lean Manufacturing" bekannt) handelt es sich um ein Konzept, das sich über den sparsamen und zeiteffizienten Einsatz der Produktionsfaktoren definiert. Dabei sollen neben optimierten, direkten Produktionsabläufen auch flache Hierarchien und Kompetenzverschiebungen hin zur „Basis" erreicht werden.

Die Merkmale einer schlanken Produktion können wie folgt zusammengefasst werden:

Elemente der Lean-Production

1. Angemessene technische Ausstattung

- Hohe Prozesssicherheit und Verfügbarkeit
- Wenig komplizierte Automatisierungstechnik
- Automatische Überwachung und Steuerung des maschinellen Fertigungsprozesses (Jidoka)

2. Wenig hierarchische Arbeitsorganisation

- Teilautonome Gruppenarbeit
- Flexible Arbeitskräfteverteilung durch selbständige Arbeitsgruppen
- Ausgeprägte Jobrotation an den Bändern
- Strikte Einhaltung der Zykluszeiten

3. Konsequentes Qualitätsmanagement

- Automatische Fehlerkontrolle
- Auftretende Fehler werden so weit wie möglich sofort beseitigt, dazu notfalls das Band gestoppt und nicht erst in der Nacharbeit ausgebessert
- Konsequente Ursachenforschung (Poka Yoke)

4. Qualifikation und Motivation

- Bevorzugte Arbeitsorganisation der Gruppenarbeit und KVP
- Herausbildung multifunktionaler Mitarbeiter mit erweiterten Einsatzmöglichkeiten bei hoher technisch-fachlicher Qualifikation und ausgeprägten Sozialkompetenzen

5. Kontinuierlicher Verbesserungsprozess

- Stetige Verbesserungen in kleinen Schritten (Kaizen)

6. Just-in-Time-Produktion

- Bedarfssynchrone Produktion
- Schaffung durchgängiger Material- und Informationsflüsse entlang der Lieferkette

7. Wertschöpfungs- und Prozessorientierung

- Konzentration auf die Wertschöpfung

Angestrebte Merkmale einer "schlanken" Produktion

Um die oben beschriebenen Ansätze und Ideen umzusetzen bzw. der Definition der Verschwendung gerecht zu werden und ein ganzheitliches Produktionssystem zu gewährleisten, werden folgende Methoden angewendet:

- Synchronisierung der Prozesse
- Standardisierung der Prozesse
- Vermeidung von Fehlern bei Produkt und Prozess
- Verbesserung der Produktionsanlagen
- Qualifizierung der Mitarbeiter

Zugegeben, es entstand tatsächlich ein sehr effizientes Produktionssystem in Japan. Dennoch muss die Frage gestellt

114

werden, ob ein reines Kopieren dieses Systems für die deutsche Gesellschaft sinnvoll ist. Müsste das Konzept nicht unseren Bedingungen entsprechend angepasst werden, um einen höheren Nutzen zu erzielen?

Das TPS war ein Ansatz zur Effizienzsteigerung, aber es ist keine Universallösung, auch wenn es weltweit als Benchmark gilt für hocheffiziente Produktion in verschiedensten Industriezweigen gilt und Toyota damit in den Augen vieler für Kosten- und Qualitätsführerschaft steht. Der ehemalige Porsche-Chef Dr. Wendelin Wiedeking bezeichnete Toyota sogar als „Synonym für Konsequenz".

Obwohl das TPS schon seit den 1980er Jahren in der westlichen Literatur ausführlich beschrieben wird, streben noch immer viele deutsche Unternehmen nach Umsetzung dieses Prinzips. Es wird zum aktuellen Zeitpunkt als konsequente Umsetzungsform einer optimierten („schlanken") Produktion betrachtet. Deshalb wird dieses Produktionssystem im Folgenden als Vergleichssystem zur Matrix-Produktion herangezogen.

Das Hauptziel des TPS liegt in der vollständigen Identifikation und Eliminierung unterschiedlicher Verschwendungen. Diesen Ansatz verfolgt auch die Matrix-Produktion, aber sie richtet ihren deutlichen Schwerpunkt auf (nutzlose) Wartezeiten. Hier findet bereits bei der Konzeptionierung eine Gewichtung der unterschiedlichen Verschwendungen statt. So wird hauptsächlich die Wartezeit minimiert auf Kosten des notwendigen Transportes (siehe **Fehler! Verweisquelle konnte nicht gefunden werden.**unten).

Anstelle einer nicht gewichteten Betrachtung aller denkbaren Verschwendungen wird eine relative Betrachtungsweise gewählt mit dem Ziel, die Auswirkungen der auftretenden Verschwendungen in Summe zu minimieren. Kosten, die durch untätige, wartende Montagemitarbeiter oder Anlagen entstehen, sind ungemein höher als jene, die durch den Einsatz eines flexiblen, automatisierten Transportsystems entstehen.

Art der Verschwendung	Auswirkungen Matrix-Produktion (im Vergleich zur klassischen Linie)
Überproduktion	(↑)
Bewegung	-
Wartezeiten	↓↓
Transport	↑↑
Ungünstige Prozesse	(↓)
Lagerhaltung	-
Ausschuss/Nacharbeit	(↓)

Auswirkung der Matrix-Produktion bezogen auf verschiedene Arten der Verschwendungen

Die verschiedenen Arten der Verschwendung werden zueinander in Relation gesetzt, um in Summe die Gesamtheit der resultierenden Verschwendung bzw. der hervorgehenden Kosten zu minimieren.

Zusätzlich kann von der Matrix-Produktion erwartet werden, dass einzelne Montageprozesse sich optimierter auslegen lassen als in der klassischen Linienfertigung, weil sich keine Einschränkungen durch Taktzeiten ergeben. Auch die Nacharbeit wird sich reduzieren aufgrund der individuellen Taktzeiten.

Das Vorhandensein von ineffizienten Bewegungsabläufen oder überhöhter Lagerhaltung ist nicht abhängig vom Konzept der Matrix-Produktion. Dagegen ist die Verschwendungsart „Überproduktion" schwieriger zu interpretieren. So ist festzuhalten, dass die Funktionsweise der Matrix-Produktion voraussetzt, dass jede Arbeitszelle mindestens einen vorgeschalteten Puffer besitzt. Ist dieser gefüllt, gilt der Bestand bereits als Überproduktion. Dennoch muss der gesamte tatsächliche Bestand im System gar nicht höher sein als der in einem entsprechenden Liniensystem. Im Durchschnitt werden weiterhin alle Pakete gleich oft ausgeführt, ohne eine punktuelle Überproduktion entstehen zu lassen. Insofern ist der

Begriff der Überproduktion nur schwer auf diesen Sachverhalt der Matrix-Produktion anzuwenden.

Wird die Produktionseinheit allerdings als geschlossene Black-Box betrachtet, entsteht keinerlei Überproduktion. Das Matrix-System arbeitet nach dem vorgegeben Kundentakt und lässt sich genauer der tatsächlichen Marktnachfrage anpassen als es mit der klassischen Linienfertigung möglich wäre.

Neben der Gewichtung der Verschwendungsarten unterscheidet sich das Matrix-Konzept noch elementar in der gewählten Umsetzungsmethode. Im TPS wird als Methode zur Auslegung einer effizienten Produktion die Herstellung eines Synchronismus postuliert. Die Matrix-Produktion dagegen basiert auf genau dem Gegenteil: Erst durch dynamische Prozesse und mit einer intelligenten, komplexen Steuerung lässt sich die optimale Produktion erreichen. Die starren Taktzeiten werden aufgelöst. Hier ergibt sich ein Paradigmenwechsel und massiver Bruch mit herkömmlichen Vorstellungen.

Interessant ist, dass die Matrix-Produktion aufgrund ihrer Dynamik der Forderung nach kontinuierlichen Verbesserungen leichter entsprechen kann, da dank der Taktunabhängigkeit die notwendigen Kapazitäten leicht bereitgestellt werden können. Die Umsetzung solcher Verbesserungen ist in der Matrix einfacher zu realisieren, da keine Neuanordnung der Arbeitsschritte vorgenommen werden muss. Die Zeiteinsparung einer Verbesserung wird unverzüglich durch die Steuerung umgesetzt und wirkt sich sofort positiv aus.

Ähnlich verhält es sich mit dem im TPS geforderten Fehler- und Qualitätsmanagement (Jidoka). Die Entkopplung der einzelnen Arbeitszellen in der Matrix ermöglicht eine sofortige konsequente Ursachenforschung und Behebung direkt an der betroffenen Arbeitszelle. Negative Auswirkungen auf die restliche Produktion entstehen nicht.

Als eine der wichtigsten Kennzahlen klassischer Fließfertigungen gilt die Durchlaufzeit. Bei der Synchronisation aller Prozesse ist die Durchlaufzeit ein übersichtlicher Maßstab zur Bewertung der

Effizienz eines Linien-Produktionssystems. Im Falle der Matrix-Produktion gilt das allerdings nicht mehr, unterschiedliche Produkte können unterschiedlichste Durchlaufzeiten aufweisen. Damit gibt die Durchlaufzeit keinerlei Informationen über die Auslastung der Arbeitszellen, sondern die computergestützte Produktionssteuerung stellt die Werte zur Verfügung.

Die Tabelle zeigt einen Abgleich der vom Lean-Gedanken geforderten Elemente mit den neuen Fähigkeiten der Matrix-Produktion.

	Gleichwertig zur Linienfertigung	→	Deutlich Überlegen	(Nicht mehr erforderlich)	Beschreibung
1. Angemessene technische Ausstattung — Prozesssicherheit und Verfügbarkeit		✖			Beide sind aufgrund der redundanten Anordnungen und Auslegung maximal gegeben.
Wenig Automatisierungstechnik			✖		Das Konzept basiert auf der Prozessflexibilität, die durch Montagemitarbeiter bereitgestellt wird.
Automatische Steuerung des Fertigungsprozesses			✖		Die Produktionssteuerung der Matrix-Produktion kann nur computergestützt automatisiert erfolgen.

Kategorie	Merkmal						Erläuterung
2. Wenig hierarchische Arbeitsorganisation	Teilautonome Gruppenarbeit			X			Die einzelnen Arbeitszellen bieten eine optimale Grundlage für autonome Gruppenarbeit.
	Flexible Arbeitskräfteverteilung		X				Aufgrund der individuellen Taktzeiten ist eine Umverteilung jederzeit dynamisch möglich.
	Ausgeprägte Jobrotation an den Bändern					X	Eine Monotonie der Arbeit kann durch variierende Arbeitsinhalte verhindert werden.
	Strikte Einhaltung der Zykluszeiten					X	Die Matrix-Produktion basiert auf der Eliminierung einer einheitlichen Taktzeit.
3. Konsequentes Qualitätsmanagement	Automatische Fehlerkontrolle	X					Kann in der Matrix-Produktion analog zur klassischen Linienfertigung realisiert werden.
	Fehler werden sofort beseitigt		X				Die notfalls geforderte Unterbrechung des Bandes zur Fehlerbeseitigung ist nicht mehr notwendig.
	Konsequente Ursachenforschung	X					Kann in der Matrix-Produktion analog zur klassischen Linienfertigung realisiert werden.
4. Qualifikation	Gruppenarbeit als bevorzugte Arbeitsorganisation			X			Die einzelnen Arbeitszellen bieten eine optimale Grundlage für autonome Gruppenarbeit (s.o.).

						Bewertung
	Multifunktionale Mitarbeiter mit hoher Qualifikation				X		Gut qualifizierte Mitarbeiter, die mehrere Prozessschritte beherrschen, ermöglichen die geforderte Redundanz.
5. KVP	Stetige Verbesserungen in kleinen Schritten		X				Die Matrix-Produktion bietet weitreichende Freiheiten, um Verbesserungen hervorzubringen.
6. JIT	Bedarfssynchrone Produktion				X		Die aktuelle Ausbringung richtet sich nach der Nachfrage und ist dynamisch skalierbar.
6. JIT	Durchgängige Material- und Informationsflüsse	X					Kann in der Matrix-Produktion analog zur klassischen Linienfertigung realisiert werden.
7. Prozess	Konzentration auf die Wertschöpfung			X			Synchronisationsaufwendungen werden als Verschwendungen betrachtet und eliminiert.

Abgleich Matrix-Produktion mit Elementen der Lean-Production

Es zeigt sich, dass die Matrix-Produktion nicht als Gegenkonzept zum Lean-Gedanken verstanden werden sollte, sondern dessen konsequente Umsetzung in vielen Punkten erst ermöglicht bzw. auf ein ganz neues Niveau stellt. Der wesentliche Unterschied besteht in der Abkehr von einer totalen Synchronisation der Prozesse (s.o.). Es kann sogar behauptet werden, dass jeglicher Aufwand zur Synchronisation nicht wertschöpfend ist und somit als Verschwendung deklariert werden sollte, die es zu eliminieren gilt.

Einem kritischen Betrachter dürfte auffallen, dass beim TPS-Produktionssystem absolut alles, auch die menschlichen Ressourcen und Bedürfnisse, ausschließlich dem ökonomischen Nutzen unterworfen und nur nach materieller Wertschöpfung

120

bewertet wird. Das TPS darf daher nicht als Universallösung angesehen werden.

Die innovative Matrix-Produktion erfüllt die Maßgaben der Industrie 4.0 und überwindet gleichzeitig inhumane Prinzipien ohne Verlust an Wirtschaftlichkeit. Neben ihrer Gewichtung und Priorisierung von Verschwendungsarten unterscheidet sie sich auch noch elementar in der gewählten Umsetzungsmethode von bekannten Lean-Konzepten. Bislang wird als Methode zur Auslegung einer effizienten Produktion die Herstellung eines Synchronismus postuliert. Die Matrix-Produktion dagegen basiert auf genau dem Gegenteil: Erst durch dynamische Prozesse und mit einer intelligenten, digitalen Steuerung, also durch Taktunabhängigkeit, lässt sich die optimale Produktion erreichen. Hier ergibt sich ein Paradigmenwechsel und massiver Bruch mit den herkömmlichen Vorstellungen.

Was ist die Matrix-Produktion?

Sie ist eine 'mehrfachredundante alternierende Netzstruktur', die durch ihre digital ausgesteuerte Dynamik zu taktunabhängiger Fließfertigung führt.

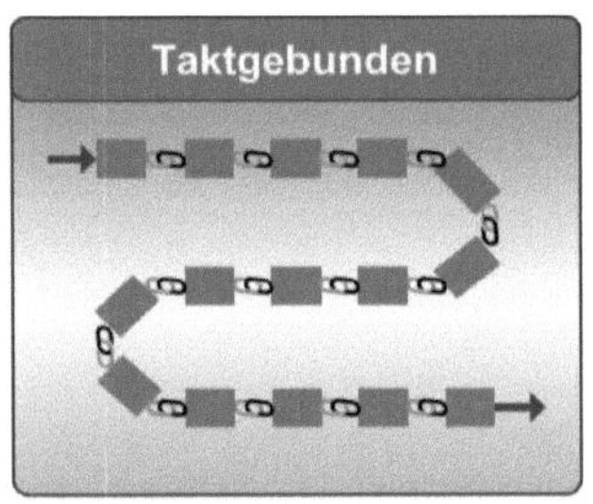

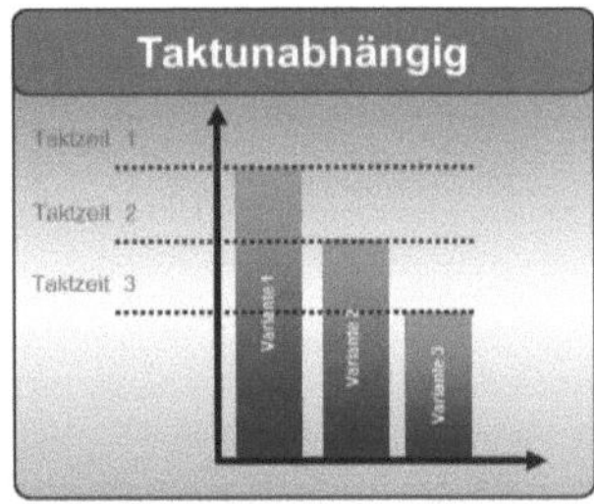

- Vollständige Synchronisation
- Einheitliche Taktzeit
- Taktzeitspreizungen
- Mensch muss sich nach dem Maschinentakt richten

- Prozessflexibilität
- Dynamische Taktzeiten
- Keine Wartezeiten

Prägnante Unterschiede hinsichtlich Taktzwang bzw. -Unabhängigkeit

Die Fließmontage wird in der Automobilindustrie bevorzugt eingesetzt, weil sie sich besonders für die Montage weitgehend gleicher Erzeugnisse mit hohen Stückzahlen eignet. Anders, als es bis in die zweite Hälfte des vergangenen Jahrhunderts der Fall war, ist die reine Fließmontage als Solitärlinie für nur eine Fahrzeugvariante heute in der Regel unökonomisch. Aufgrund des vielschichtigen Marktes ist es kaum möglich, die für Solitärlinien erforderliche Nachfrage nach nur einer Variante zu generieren. Um die volle Auslastung einer Fließmontage im Automobilbau zu erreichen, werden daher Mixfertigungen bevorzugt. Hierbei handelt es sich um eine Fließmontage, die mehrfach unterschiedliche Varianten bzw. Derivate oder Modelle in einer Linie produziert.

Zwar wird versucht, den Arbeitsbedarf so in einzelne Arbeitsschritte zu zerlegen, dass ein möglichst identischer Zeitaufwand an jeder Station erreicht wird (Austaktung), aber bei starr verketteten Arbeitsstationen, wie sie in der Fahrzeugmontage bisher üblich sind, kann die Bildung zeitgleicher Arbeitsfolgen über alle Stationen produktbedingt allenfalls annäherungsweise erzielt werden. Verbunden damit ist ein sehr hoher Aufwand für Re-Konfigurationen zur Anpassung an neue Bedingungen. Als Fertigung mit unterschiedlichen Einbaukomponenten, oder, wenn Inhalte ganz wegfallen oder hinzukommen, ist die synchronisierte Linienmontage extrem unflexibel.

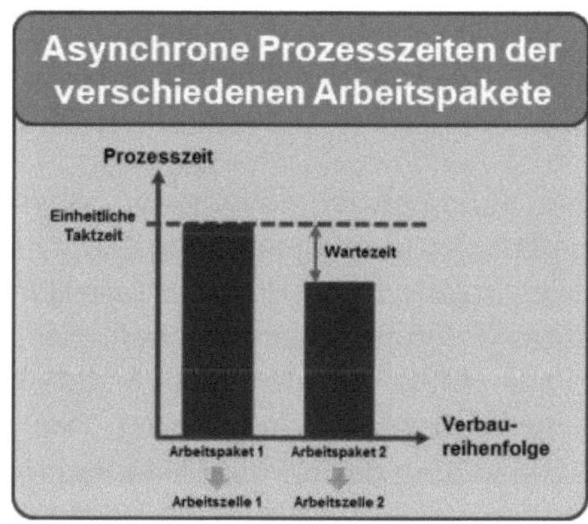

Auswirkung nicht identischer Prozesszeiten

Weil es praktisch nicht möglich ist, immer die gesamte zur Verfügung stehende Taktzeit auszunutzen, entstehen Taktzeitspreizungen. Der Begriff Taktzeitspreizung bezeichnet die Differenz der Fertigungszeit zweier unterschiedlicher Produkte, die auf derselben Linie mit gleicher Taktzeit gefertigt werden. Unterschiedliche Varianten, Ausstattungen oder Modelle in derselben Mixfertigung, aber auch eine schwankende Variantennachfrage verstärken die Zeitspreizungen noch. Es ist faktisch nicht möglich, eine vollständig synchronisierte Fahrzeugmontage zu entwerfen. Mit den resultierenden Taktzeitspreizungen wird eine Mixfertigung zunehmend unwirtschaftlich, obwohl sie erforderlich ist, um den Kundenwünschen zu entsprechen.

Das taktunabhängige Fließ-System der Matrix-Produktion richtet sich hingegen allein nach der tatsächlich notwendigen Prozesszeit. Die einzelnen Arbeitsschritte dürfen in ihrer Dauer variieren, denn das System passt sich flexibel den jeweiligen Gegebenheiten der benötigten Arbeit an. Es berücksichtigt sowohl verschiedene Produktaufträge als auch unterschiedliche Arbeitsgeschwindigkeiten der Mitarbeiter. Es entstehen dabei keine Wartezeiten.

Somit löst sich die Matrix-Produktion von den bisher in der Fließfertigung geltenden zeitlichen Vorgaben und reduziert die Planung auf das Wesentliche, nämlich die Verteilung des Arbeitsbedarfs auf die vorhandene Arbeitsleistung. Das anzufertigende Produkt bestimmt den Arbeitsbedarf, während die verfügbare Arbeitsleistung durch Maschinen und Mitarbeiter vorgegeben wird.

Aufgrund des noch geringen Automatisierungsgrades, aber stattdessen umfangreichen Einsatzes von Montagearbeitern, liegt in der Fahrzeugmontage bereits eine relativ hohe Prozessflexibilität vor. Darum liegt die zentrale Herausforderung einer wirtschaftlichen Mixvarianten-Fließfertigung primär nicht in der verwendeten Anlagentechnik, sondern in der effizienten Auslastung aller Arbeitszellen bei Vermeidung/Reduzierung der für die Mixfertigung typischen Taktzeitspreizungen.

Die Matrixproduktion überwindet den Ansatz, Synchronisation durch identische Taktzeiten zu erzielen. Stattdessen wird die Produktion durch ein redundant paralleles System von Arbeitszellen nivelliert (Netzstruktur). Dabei werden den **einzelnen Arbeitszellen** von der Planung definierte **unterschiedliche Arbeitspakete mit wechselnden Inhalten und Bearbeitungsdauern** zugewiesen Es ergibt sich eine Mehrfachverwendung der Arbeitszellen insofern, dass nicht immer die gleichen Teile gefertigt bzw. montiert werden. Je nach freier Kapazität einer Arbeitszelle wird ihr ein neues Arbeitspaket (Produktteil) zugesteuert. Durch die Aussteuerung über **alle** Zellen wird es möglich, Taktzeitspreizungen zu eliminieren.

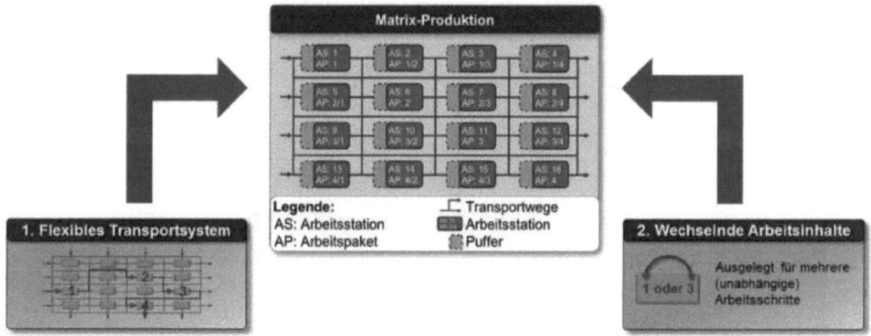

Dynamisch aufeinander reagierende Systemkomponenten

Über ein flexibles Transportsystem ist das durchlaufende Produktteil von jeder Arbeitszelle aus erreichbar. Jedes Produkt kann also einen individuellen Durchlauf in der Matrix erhalten. Damit ist die Notwendigkeit einer Taktsynchronisation aufgehoben. Die zugrunde liegende Steuerungslogik regelt die Zuordnung der Produkte auf die einzelnen Arbeitszellen und garantiert dabei eine hoch ausgelastete Mix-Massenfließfertigung.

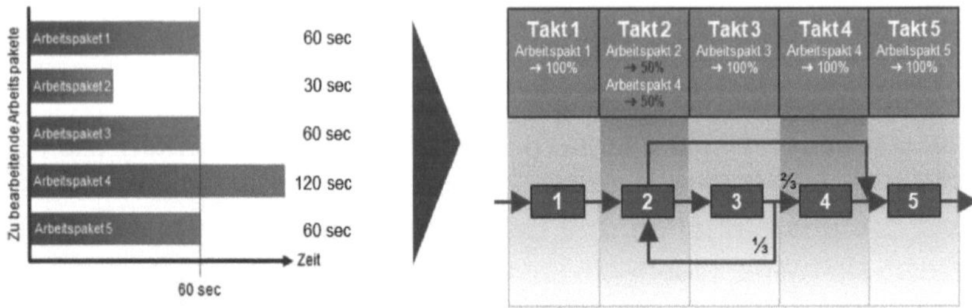

Flexible Aufteilung von Arbeitspaketen in der Matrix

Kernidee der Matrix-Produktion ist es also, nicht die Dauer der Arbeitspakete zu synchronisieren, sondern die Anzahl der Arbeitsstationen anzupassen, die ein bestimmtes Arbeitspaket ausführen: Im dargestellten Beispiel sind 5 Arbeitspakete mit einer durchschnittlichen Taktzeit von 60 sec zu fertigen. Arbeitspakete 2 und 4 haben jeweils eine Abweichung von 30 sec. Nach dem Prinzip der Matrix-Produktion werden jetzt nur eine halbe Arbeitsstation dem Paket 2 und 1,5 Stationen dem Arbeitspaket 4 zugeordnet. Dies wird realisiert, indem die zweite Arbeitsstation sowohl Arbeitspaket 2 als auch Arbeitspaket 4 jeweils im Wechsel ausführt. Durch diese Bypass-ähnliche Anordnung ist natürlich noch keine vollständige Flexibilität erzielt, sie veranschaulicht aber das Grundprinzip. Durch den Wechsel der auszuführenden Arbeitspakete lässt sich die Arbeitsleistung bzw. die Anzahl der Arbeitsstationen, die das jeweilige Arbeitspaket ausführen, gezielt anpassen. Um eine vollständige Taktunabhängigkeit zu realisieren, muss sichergestellt werden, dass alle (auch beim Planungsprozess noch unbekannten) Prozesszeiten ohne Wartezeiten realisiert werden können.

Die bisherigen Fließfertigungen sind an einen festen Takt gebunden. Die taktunabhängige Matrix-Produktion mit ihrer Netzstruktur löst sich von solchen Vorgaben. Die Taktsynchronisation wird aufgehoben, individuelle und unterschiedliche Arbeitsgeschwindigkeiten und die Humanisierung von Arbeit werden möglich. Ein digitaler Leitstand berechnet sofort die Kapazitäten neu.

126

Austaktung hat Grenzen: Ursachen und Wirkungen von Taktzeitspreizungen

In den derzeit eingesetzten Linienmontagen bemüht sich die Prozessplanung um eine möglichst genaue Synchronisation der Prozesszeiten aller Arbeitspakete auf die einheitliche Taktzeit. Alle Arbeitsstationen in der Linienfertigung sollen demselben Takt folgen können und dabei möglichst ausgelastet, aber niemals überlastet sein. Durch die Addition einzelner Arbeitsschritte und wegen der technisch determinierten Verbaureihenfolge ist es nur schwer möglich, die vorgegebene Taktzeit genau einzustellen. Im Grunde ist es faktisch nicht erreichbar, eine vollständig synchronisierte lineare Fahrzeugmontage zu entwerfen.

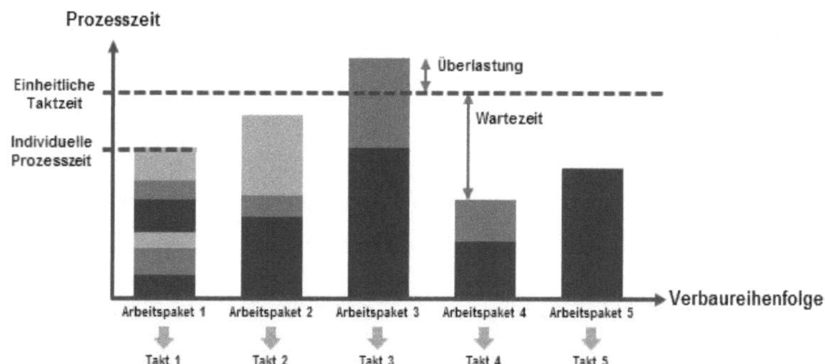

Reihenfolgebedingte Taktzeitdifferenzen in der Linienfertigung

Der Zusammenbauprozess eines Fahrzeugs wird in zahlreiche verschiedene Arbeitsschritte unterteilt. Die Reihenfolge dieser Schritte wird hauptsächlich durch die konstruktiv bedingte Erreichbarkeit der Fahrzeugkomponenten vorgegeben. Mehrere Montageschritte werden wiederum zu einem Arbeitspaket zusammengefasst. Diese resultierenden Arbeitspakete werden den verschiedenen Arbeitszellen zugeordnet. In der Standard-Fahrzeugmontage sind diese Stationen zumeist noch als manuelle Montagestationen konzipiert.

Während des Montageprozesses müssen die Produkte alle Arbeitszellen entsprechend der vorgegebenen Anordnung durchlaufen. Hieraus ergibt sich die deutliche lineare Bewegung innerhalb einer Montaglinie. Sowohl die Verteilung der Produkte als auch die Produktionsgeschwindigkeit bleiben dabei konstant, dies ist Voraussetzung für die herkömmliche synchrone Produktionslinie. Dieser Konstanz hat sich jede Arbeitszelle anzupassen.

Die einheitliche Taktzeit bildet das Maximum der verfügbaren Zeitspanne für jede Arbeitszelle zur Erledigung ihrer Arbeitsumfänge. Zusammengefasst ist die Prozesszeit eines Arbeitspaketes limitiert durch die Länge der einheitlichen Taktzeit und dies bedeutet, dass die Prozesszeit eines jeden Arbeitspaketes niemals die Taktzeit überschreiten darf. Andernfalls würde eine Überbelastung der betroffenen Arbeitszelle bzw. der zugeordneten Mitarbeiter resultieren.

Falls es aus technischen oder organisatorischen Gründen nicht möglich ist, die vorgegebene Taktzeit voll zu nutzen, entsteht Wartezeit. Nach der Logik des Toyota Produktions-Systems, das nach wie vor als Vorbild gilt, ist Wartezeit prinzipiell als Verschwendung zu deklarieren und zu vermeiden. Die nachfolgend aufgelisteten Umstände und Einflüsse können eine vollständige Auslastung der vorgegebenen Taktzeit verhindern bzw. stören:

- Asynchrone Prozesszeiten der verschiedenen Arbeitspakete (meistens technisch bedingt aufgrund unterschiedlich lange dauernder Arbeitsaufwendungen für verschiedene Komponenten und deren konstruktiv bedingter Verbau-Reihenfolge)
- Verschiedene Prozesszeiten desselben Arbeitspaketes (verursacht durch verschiedene zu fertigende Produktvarianten)

- Zusätzliche oder wegfallende Arbeitsschritte (verursacht durch unterschiedliche Arbeitsaufwendungen für wechselnde Produktmodelle in einer Mixfertigung)
- Abweichungen von der optimalen Variantenreihenfolge (bedingt durch die Dynamik der Nachfrage)

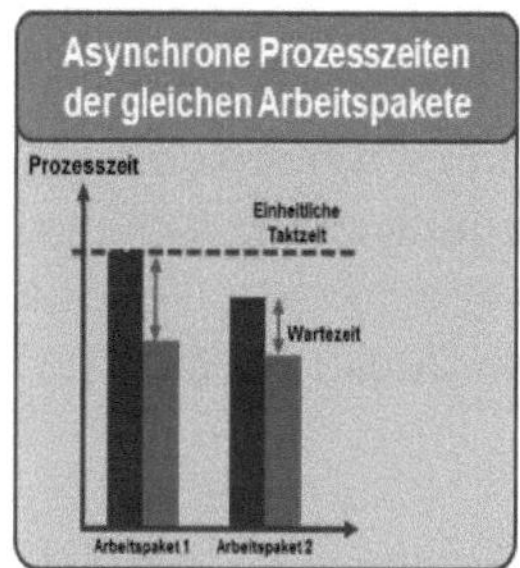

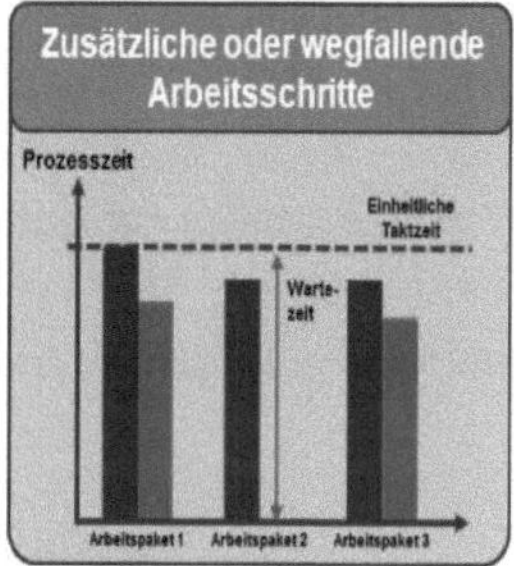

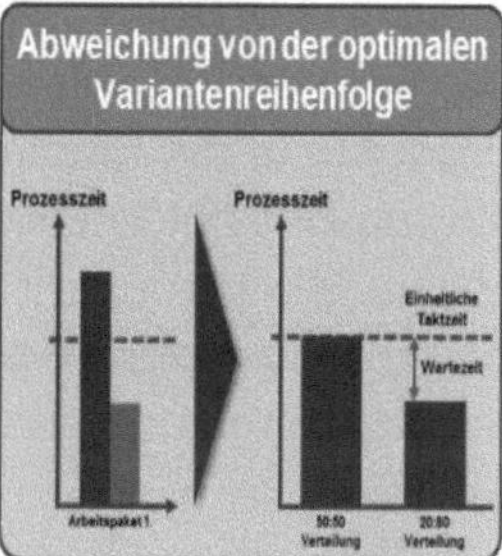

Häufige Ursachen für Taktzeitspreizungen

Praktisch ist es kaum möglich, die Linienmontage eines so komplexen Produktes wie das eines Autos ohne resultierende Wartezeiten einzelner Stationen zu realisieren. Durch die Vorgabe des einheitlichen Taktes entstehen fast zwangsläufig ungenutzte Wartezeiten bzw. Zeitreserven innerhalb der Fertigung. Die Abbildung veranschaulicht, dass sich durch die Addition einzelner Arbeitsvorgänge nur schwer die vorgegebene Taktzeit genau einstellen lässt. Dies hängt insbesondere von den vorgegeben Arbeitsinhalten ab und wird durch die Verbau-Reihenfolge noch erschwert. Wenn längere Prozesszeiten nicht teilbar sind, entstehen Lücken zwischen Taktzeit und benötigter Prozesszeit, die sich nicht schließen lassen, falls die nachfolgenden Arbeitsschritte mehr Zeit benötigen als die verbliebene Taktzeit erlaubt.

Hier wird ersichtlich, dass es bei festgelegten Taktzeiten per se nicht immer möglich ist, die elementaren Arbeitsvorgänge so auf die Arbeitszellen zu verteilen, dass die Fertigungszeit genau der Taktzeit entspricht. Eine weitere Ursache für erhöhte Taktzeitspreizung entsteht, wenn einzelne Prozessschritte einer Variante vollständig wegfallen bzw. eine Variante einen Prozessschritt mehr hat als die andere. Dieser Effekt kann sogar dann entstehen, wenn beide Varianten gleich viele Prozessschritte haben. Bedingt durch die vorgegebene Verbau-Reihenfolge kann es sich als technisch unmöglich herausstellen, die Prozessschritte beider Varianten in derselben Arbeitszelle zu erledigen.

Um die resultierenden Taktzeitspreizungen im Rahmen zu halten, werden bisher nur die in ihrem Arbeitsumfang ähnlich großen Modelle und Derivate auf einzelnen Montagelinien kombiniert. Eine weitere Methode zur Minderung der Taktzeitspreizung ist die gezielte Anpassung der Reihenfolge bei der Einschleusung der Produkte in die Montagelinie. Zwar lässt sich damit tendenziell den negativen Effekten der Taktzeitspreizung entgegenwirken, aber ihre völlige Eliminierung ist nicht möglich. Nicht ausgeschlossen werden kann, dass diese Sequenzierung sogar zu einer Quelle zusätzlicher Taktzeitspreizung wird:

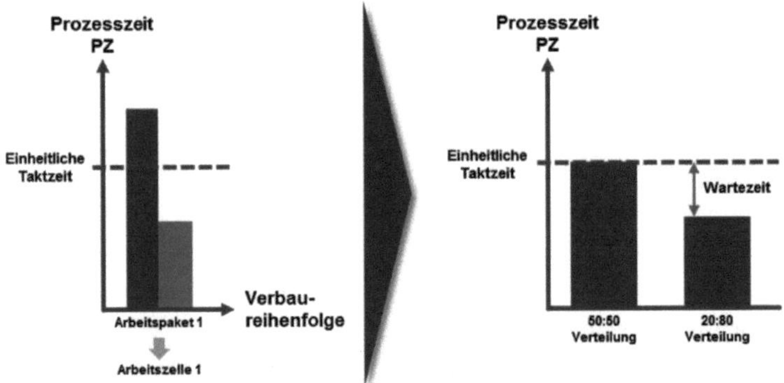

Taktzeitspreizung aufgrund unvermeidbarer Abweichungen von der Optimalverteilung

Die wesentliche Schwachstelle der Vorsequenzierung der Produkte ist, dass die erforderliche Variantenverteilung nicht zwangsläufig der Kundennachfrage entspricht. Dieses System basiert aber darauf, dass die Nachfrage nach einzelnen Varianten als konstant betrachtet werden kann. Zeitlich dynamische Nachfrageänderungen können ein solches System stark stören, also kann es nicht uneingeschränkt entsprechend der Kundennachfrage produzieren.

In herkömmlichen Mix-Linienfertigungen können Taktzeitspreizungen nicht vermieden werden, weil durch unterschiedliche Arbeitsumfänge Lücken zwischen Prozesszeit und Taktzeit entstehen. Die daraus resultierenden Warte-

zeiten könnten insgesamt als ein Potenzial betrachtet werden, das in intelligente Optimierungen der Arbeitsgestaltung für alle Mitarbeiter in einem flexiblen Produktionssystem transformiert wird.

Wie kann Taktunabhängigkeit realisiert werden?

Dazu ist die Frage zu beantworten, ob eine hoch effiziente Fließfertigung überhaupt und zwangsläufig einen einheitlichen Takt benötigt und ob die Elimination der einheitlichen Taktzeit prinzipiell realisierbar ist, denn in einer klassischen Linienmontage sind alle Arbeitszellen räumlich, arbeitsreihenfolge-technisch und zeitlich gekoppelt.

Die räumliche Bindung ist aus technischer Sicht mit alternativen Transportsystemen (z.B. FTS) leicht zu durchbrechen. Alle Arbeitsschritte unterliegen aber einer logischen Verbaureihenfolge, nach der sie erfolgen müssen. Diese Reihenfolge ist weitestgehend konstruktiv bedingt und kann je nach Produkt nur sehr eingeschränkt verschoben werden.

Die zeitliche Bindung der Arbeitszellen zueinander ist dagegen das maßgebliche Bezugselement. Dies wird besonders deutlich beim Auftreten der Taktzeitspreizung (s.o. "Austaktung hat Grenzen").

Der Begriff „Taktzeit" hat unterschiedliche Facetten: Im Falle der synchronen Linienfertigung macht es Sinn, von nur einer Taktzeit zu sprechen. Bei einer voll ausgelasteten Linienfertigung der bekannten Art muss die Taktzeit der einzelnen Arbeitszellen immer der Systemtaktzeit entsprechen, weil alle Arbeitspakete nur einmal vorkommen und auch nur einer Zelle zugeordnet sind.

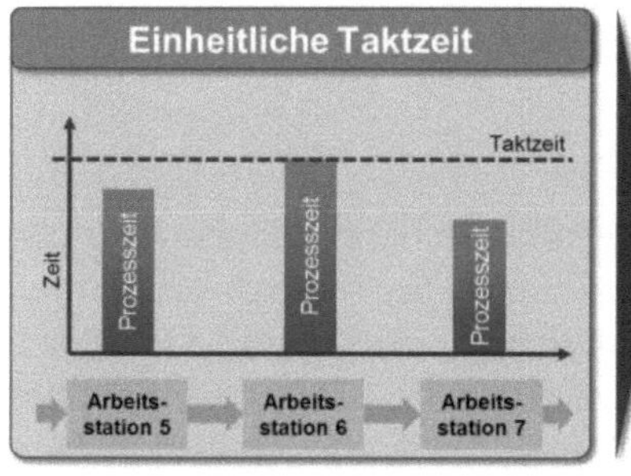

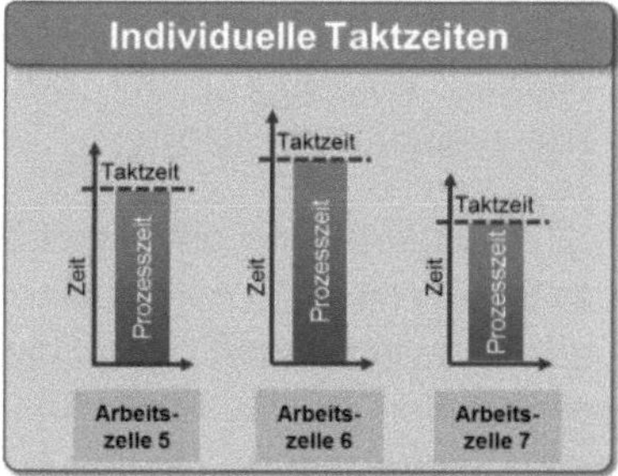

Individuelle Taktzeiten entsprechen der Prozesszeit, einheitliche Takte führen zu Wartezeiten

Dagegen berücksichtigt die Matrix-Produktion unterschiedlich große Prozesszeiten sowie redundant vorkommende Arbeitspakete. Die resultierenden Taktzeiten werden prinzipiell nur als Durchschnittswerte erfasst. Konstante Taktzeiten einzuhalten, ist nicht mehr erforderlich, ganz im Gegensatz zur herkömmlichen Linien-Fließfertigung. In der Matrix kann die Anzahl von Arbeitszellen und Arbeitspaketen unabhängig voneinander variieren. Die Herausforderung besteht darin, die Arbeitspakete entsprechend ihrer jeweiligen Prozesszeit so zu gewichten, dass jedes Paket **im Durchschnitt** dieselbe Taktzeit hat und somit gleich oft hergestellt wird.

Hier ist die grundlegende Aufgabe der Planung einer Montagelinie, nämlich die Zuordnung des Arbeitsumfanges eines herzustellenden Produktes auf die Anzahl verfügbarer Arbeitszellen und Mitarbeiterkapazität von hoher Bedeutung.

Die erforderlichen Montageaufgaben können in Arbeitsschritte aufgeteilt werden, die zu Arbeitspaketen zusammengeführt werden. Jedes Arbeitspaket hat seinen spezifischen Arbeitsumfang und die erforderliche Bearbeitungszeit kann je nach Produktvariante variieren. Unter der vereinfachenden Annahme nur einer Produktvariante ergibt die Summe aller Prozesszeiten die Gesamtproduktionszeit und damit korrespondierend die insgesamt erforderliche Arbeit. Das Produktionssystem stellt dafür eine bestimmte Arbeitsleistung zur Verfügung.

In der Matrix-Produktion werden alle Prozesse erfasst und die optimale Zuordnung der benötigten Arbeit auf die verfügbare Arbeitsleistung errechnet.

Auf die Darstellung aller Rechenoperationen, ihrer Ableitungen und der Beschreibung von Details zur Ermittlung der Matrixbeziehungen und -Gewichtungen wird hier verzichtet. Sie sind ausführlich beschrieben in "Matrixproduktion als Konzept einer taktunabhängigen Fließfertigung", Peter. I. Greschke, TU Braunschweig 2016.

Betrachtet man eine einzelne Arbeitszelle der Matrix getrennt vom restlichen System, so kann diese abweichende Prozesszeiten ausführen, solange eine durchschnittliche, nicht explizit definierte Taktzeit einstellbar ist. Da nur diese **durchschnittliche** Taktzeit als vom gesamten System vorgegeben zu betrachten ist, muss die einzelne Arbeitszelle dazu befähigt werden, unterschiedliche Prozesszeiten dynamisch einstellen zu können, um die notwendige durchschnittliche Taktzeit zu erzielen.

Hier setzt die erste Kernidee der Matrix-Produktion ein: Die Zuordnung von **mindestens zwei** unterschiedlichen Arbeitspaketen ermöglicht es der Arbeitszelle, unterschiedliche Prozesszeiten zu realisieren. Durch eine gezielte Gewichtung, welches Arbeitspaket wie oft ausgeführt wird, lässt sich im Mittel jede beliebige Taktzeit einstellen. Beispielsweise kann eine Arbeitszelle mit zwei möglichen Arbeitspaketen mit den Prozesszeiten von 4 und 2 Minuten eine durchschnittliche Taktzeit von 3 Minuten dadurch erreichen, dass beide Arbeitspakete gleich häufig ausgeführt werden.

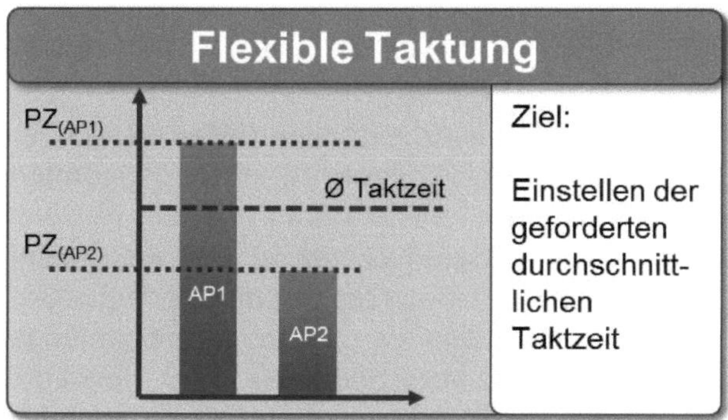

Kombination unterschiedlicher Prozesszeiten

Die Abbildung veranschaulicht, wie unterschiedliche Prozesszeiten nun nicht nur möglich, sondern durchaus nützlich sind, um die erwünschte durchschnittliche Taktzeit zu realisieren. Voraussetzung dafür, eine gewünschte **durchschnittliche** Taktzeit an einer Arbeitszelle zu erreichen, ist die Option, aus unterschiedlichen Prozesszeiten wählen zu können. Dies lässt sich erreichen, indem die einzelne Arbeitszelle so ausgestattet wird, dass **mindestens zwei unterschiedliche Arbeitspakete** mit jeweils unterschiedlichen Prozesszeiten ausgeführt werden können. In der praktischen Anwendung müssen an der Arbeitszelle die Arbeitsmittel und Materialien für beide Arbeitspakete vorgehalten werden und die Mitarbeiter entsprechend qualifiziert sein.

Je nach Zuordnung der Betriebsmittel lassen sich Synergien nutzen. Damit ergeben sich zusätzliche Zielkriterien zur Auslegung einer optimalen Produktion, denn ein weiterer entscheidender Vorteil der Matrix-Produktion liegt in der Möglichkeit, Betriebsmittel arbeitspaketübergreifend einzusetzen. Einzelne Betriebsmittel können für unterschiedliche Arbeitspakete verwendet werden, ohne mehrfach angeschafft zu werden.

Im Fazit ist es möglich, allein durch das Kombinieren unterschiedlicher Prozesszeiten eine gewünschte durchschnittliche Taktzeit einzustellen. Dafür müssen die einzelnen Prozesszeiten zwar bekannt sein, können aber weitestgehend unabhängig voneinander und auch unabhängig von einer systemweiten (einheitlichen) Taktzeit sein. Die einzelnen Arbeitszellen agieren faktisch taktunabhängig, sie müssen sich nicht mehr einem unmittelbaren, einheitlichen Takt anpassen.

Veränderungen bei der Anzahl der Arbeitszellen (Mitarbeiter) oder der Dauer einzelner Arbeitspakete führen zu einer geänderten Systemtaktzeit, die das aktuelle System dann jeweils flexibel realisiert. Die durchschnittliche Systemtaktzeit ist also kein fester Parameter mehr, sondern passt sich dynamisch den Bedingungen an. So nimmt die Systemtaktzeit zu, wenn Arbeitsumfänge hinzukommen (längere Prozesszeiten bedeuten mehr benötigte Arbeit) oder sie nimmt ab, wenn zusätzliche Mitarbeiter zugeteilt werden (mehr Mitarbeiter bedeuten mehr Arbeitsleistung). Aus der Dynamik ergibt sich für den arbeitenden Menschen die Befreiung von festen Arbeitstakten.

Mit der Entkopplung der Arbeitszellen vom Zeittakt werden auch die damit verbundenen Prozesse weitgehend losgelöst vom Gesamtsystem. Unter dieser Bedingung (Abkoppelung von der einheitlichen Taktzeit des Systems) lassen sich die einzelnen Prozesse flexibel gestalten und auslegen. Aus der so erzielten Prozessflexibilität ergeben sich wiederum eine erhöhte Produktionsflexibilität des Gesamtsystems, Gestaltungsspielraum für die Montagearbeiter und letztlich auch die geforderte Marktflexibilität.

Durch die Kernidee der Matrix-Produktion, alle Prozessschritte als Variable des Systems zu betrachten und flexibel ständig die Systemkonfiguration digital darauf abzustimmen, ergibt sich ein Paradigmenwechsel weg von einem starren System mit synchronen Werten hin zu einen System mit dynamischen Richtwerten, die nur im Mittel erreicht werden müssen. Dadurch wird nicht nur der arbeitende Mensch von Taktzwängen befreit, sondern gleichzeitig eröffnet die entstandene Dynamik den dringend notwendigen Flexibilitätsspielraum für die Produktion. So angewendet, wird das Potenzial der digitalen Industrie 4.0 nicht nur wirtschaftliche Vorteile, sondern auch die Humanisierung der Arbeit bewirken, ohne sie überflüssig zu machen.

Flexible Transportsysteme für die Matrix-Produktion

Die innerbetriebliche Materialbereitstellung ist eine der großen Herausforderungen bei der Umsetzung der Matrix-Produktion. Im Vergleich zur klassischen Montagelinie im Automobilbau ergeben sich bei der Materiallogistik erweiterte Anforderungen, insbesondere bezogen auf das Dispositionsverhalten. Als die beiden wesentlichen Erschwernisse erweisen sich:

- Multiple Montageorte für das gleiche Material
- Keine konstante Reihenfolge

Da ein Arbeitspaket von mehreren Arbeitszellen ausgeführt werden kann, muss dementsprechend auch das zu verbauende Material an verschiedenen Orten bereitgestellt werden. Verglichen zur klassischen Montagelinie erhöht sich damit der Logistikaufwand. Wenn man aber berücksichtigt, dass der Output des Systems gleich bleibt, kann in der Matrix-Produktion die Losgröße der Teile je Arbeitszelle kleiner gewählt werden, abhängig von der Anzahl der Arbeitszellen, die das gleiche Arbeitspaket ausführen.

Dabei muss jedoch berücksichtigt werden, dass bei einer ungünstigen Zuweisung von Arbeitsaufträgen sich kleinere Losgrößen als Schwachstelle erweisen könnten, wenn beispielsweise eine Arbeitszelle nur Aufträge für das gleiche Arbeitspaket zugewiesen bekommt. Um kleinere Losgrößen störungsfrei realisieren zu können, ist es sinnvoll, die Aufgaben eines Arbeitspaketes über die verfügbaren Arbeitszellen möglichst gleichmäßig zu verteilen. Dies kann von der digitalen Produktionssteuerung übernommen werden.

An dieser Stelle soll eine knappe Abgrenzung der Transportoptionen des Matrixkonzeptes gegenüber den klassischen Materialfluss-

systemen formuliert werden. Das neu entwickelte Produktionskonzept beinhaltet sowohl einige technische Parallelen zur Linien-
als auch zur Inselfertigung, die technischen Voraussetzungen
werden jedoch erweitert, modifiziert oder neu angeordnet. Ebenso
wie in der geläufigen Linie wird der Montageprozess in feste
Arbeitsschritte unterteilt und auf verschiedene Arbeitszellen verteilt.
Die Arbeitszellen sind nun jedoch in der Lage, **mindestens zwei**
verschiedene Arbeitsschritte auszuführen. Zwar bleibt die
Arbeitsfolge der einzelnen Arbeitsumfänge erhalten, die dafür
angefahrenen Arbeitszellen sind jedoch - durch die Auflösung des
fest verketteten Materialflusses - variabel.

Daraus ergibt sich, dass sich die Produkte dynamisch durch die
Matrix-Produktion bewegen, es gibt keine gleichbleibende
Reihenfolge mehr. Die einheitliche Reihenfolge ist aber in der
klassischen Fließfertigung die zentrale Grundlage zur Planung der
Materialbereitstellung. So beruht die JIS-Anlieferung darauf, dass
nach einer bekannten Reihenfolge die zur verbauenden Materialien
vorkommissioniert angeliefert werden, also entsprechend der
Verbaureihenfolge vorsortiert sind. Dies betrifft insbesondere
variantenspezifische Materialien.

Im Falle der Matrixproduktion ist aber weder die Reihenfolge
konstant noch die konkrete, ausführende Arbeitszelle im Voraus
bekannt. Die Entscheidung, wo welches Arbeitspaket für welches
Produkt ausgeführt wird, trifft die Steuerung erst kurzfristig und
situationsabhängig. Die Möglichkeit einer Just-in-Sequence-
Anlieferung ist somit nicht gegeben.

Daraus resultieren zwei mögliche Anlieferungsstrategien für die
Matrix: Zunächst eine standardmäßige direkte Bereitstellung an der
Arbeitszelle. Hierbei ist zu berücksichtigen, dass die Arbeitspakete
redundant vorhanden sind und dementsprechend die Material-
bereitstellung an mehreren Orten erfolgen muss. Alternativ kann zur
Materialbereitstellung auch ein sogenannter vorkommissionierter
Warenkorb benutzt werden.

Insbesondere die Verwendung von Warenkörben gewinnt in der
Matrix-Produktion an Bedeutung. Da das Matrix-Konzept bereits für

den Transport der Produkte ein flexibles Transportsystem verwendet, bietet es sich an, dieses gleichzeitig für die Materialbereitstellung zu benutzen. Im praktischen Anwendungsfall kann dies so geschehen, dass sowohl die zu bearbeitenden Produkte als auch die Warenkörbe mit Hilfe derselben fahrerlosen Transportsysteme (FTS) bewegt werden. So könnten beispielsweise die Warenkörbe an anderer Stelle eingeschleust und bei Erreichen des entsprechenden Produktes diesem wie ein Anhänger hinterherfahren. Alternativ könnten die zugehörigen Warenkörbe auch das jeweils selbe Transportmittel wie das Produkt nutzen. Dafür können Logistikstationen ins System integriert werden, in denen die Warenkörbe direkt dem jeweiligen Transportträger des Produktes beigefügt werden.

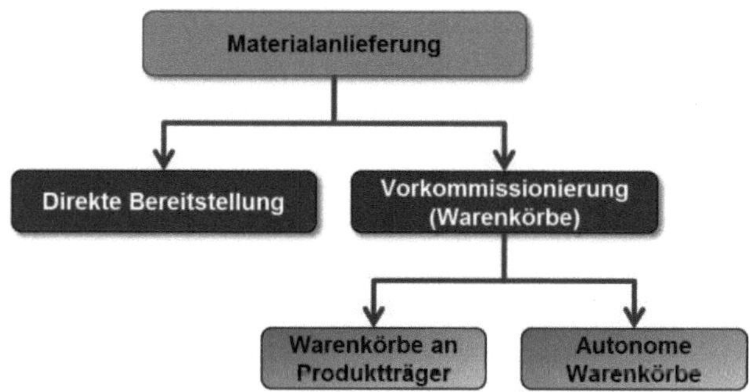

Mögliche Strategien zur Materialbereitstellung innerhalb der Matrix-Produktion.

Die spezifische Gestaltung der benötigten Materiallogistik zur Belieferung der Arbeitszellen ist fallspezifisch vorzunehmen. Die tatsächliche Auslegung hängt stark von den eingesetzten Transportsystemen und den zu verbauenden Materialien ab.

Aus der Notwendigkeit größtmöglicher Flexibilität für zukunftsgerechte Produktionsweisen ergibt sich zwangsläufig die Weiterentwicklung der Transportsysteme. Neue, reaktionsfreudige Materialfluss-Anordnungen, die der situativen Toleranz der Matrixproduktion entsprechen, nutzen die Potenziale der Digitalisierung, um zeitlich dynamisch und mehrfach redundant die Arbeitszellen beliefern zu können.

Planungssystematik der Matrix-Produktion

In diesem Rahmen kann nur ein kurzer, schematischer Anriss der Planungssystematik einer Matrix-Fertigung skizziert werden. Sie ist angelehnt an die REFA Planungssystematiken, die aufgrund des allgemeingültigen Ansatzes gut geeignet sind, auch als Grundlage für die spezifischen Planungsebenen in der Matrix-Produktion zu dienen. Die REFA-Systematik wurde so transformiert, dass sie zur allgemeinen Planung einer Matrix-Produktion geeignet ist. Die damit entwickelten Verfahren und Methoden fanden erfolgreich Anwendung in einer exemplarischen Umsetzung der diesem Buch zugrunde liegenden Forschungsarbeit.

Die Abbildung zeigt den abgeleiteten grundlegenden Ablauf des Planungsvorgehens bei der Auslegung einer Matrix-Produktion. Die Planung unterteilt sich in mehrere Stufen. Dabei wird der Detaillierungsgrad kontinuierlich erhöht bis zur Umsetzung.

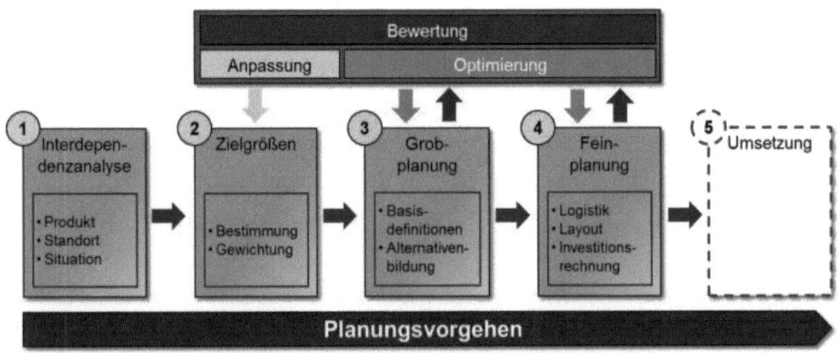

Interdependenzanalyse

Die Interdependenzanalyse bildet das Pendant zur Situationsanalyse in der Planungssystematik nach REFA. Auf dieser Planungsstufe werden die einzelnen, teils in wechselseitigen Abhängigkeiten zueinander stehenden Faktoren ermittelt, welche auf die Produktionssystemplanung Einfluss nehmen. Untergliedern lassen sich diese dabei in produkt-, standort- und situationsbezogene Faktoren mit folgenden Inhalten.

Produkt:

- Abmessung
- Gewicht
- Funktion
- Aufbau
- Programmbreite und -tiefe (hier Variantenmix)

Standort:

- Mitarbeiter (Entgelt, Qualifikation, Demographie, Leistungsdifferenzen, Arbeitsumgebung)
- Schichtsystem (Art, Zeit)
- Fläche
- Infrastruktur
- Umwelt

Situation:

- Finanzen (Budget, Amortisation)
- Unternehmensstruktur (Integration, Zulieferer)

Es folgt die Ermittlung der Zielgrößen, dabei stellt in der Matrix-Produktion die Gesamtauslastung des Systems eines der Hauptkriterien dar.

Entsprechend des REFA-Modells werden die Zielgrößen der zweiten Planungsstufe in Muss- und Kann-Kriterien unterteilt und so formuliert, dass ihr Erfüllungsgrad durch Wirtschaftlichkeitsrechnungen oder Nutzwertanalysen kontrollierbar ist. Zwingend erforderliche Zielgrößen sind dabei:

- Produktionsausstoß
- Stabilität (Maximale Ausstoßreduktion bei Ausfall einer Arbeitszelle)

Mögliche weitere Zielgrößen sind beispielsweise das Investitions-
volumen, der Flächenbedarf oder die Gesamtproduktivität.

In der Grobplanung wird wie in der Abbildung gezeigt vorgegangen:

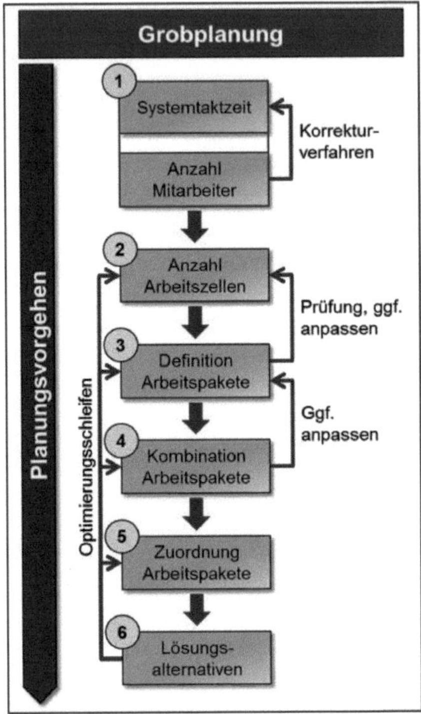

Grobplanung

In der Feinplanung wird das Vorgehen analog zur Grobplanung in
einzelne Schritte unterteilt, um eine lückenlose Übersicht zu
gewährleisten.

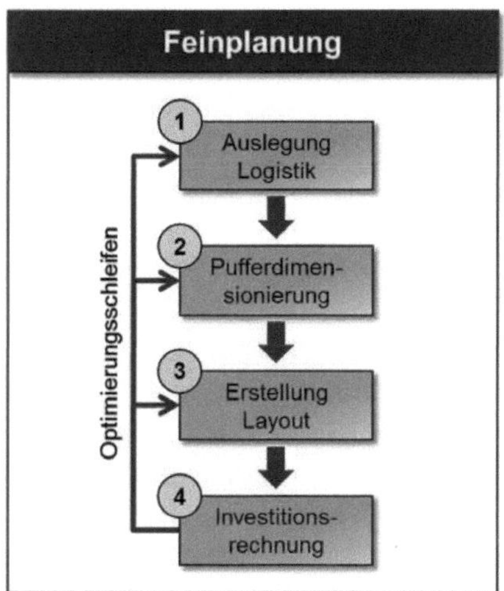

Feinplanung

Auf die detaillierte Darstellung der einzelnen Planungsstufen und ihrer Ergebnisse wird hier aufgrund des Umfanges verzichtet, sie sind umfassend spezifiziert in "Matrix-Produktion als Konzept einer taktunabhängigen Fließfertigung", TU Braunschweig 2016, P.I. Greschke.

Bei der Planung einer ganzheitlichen Matrix-Produktion sind vielschichtige Parameter zu berücksichtigen, um größtmögliche Flexibilität zu erreichen. Das Spektrum ihrer Auslegung entscheidet über die maßgeblichen Fähigkeiten des Produktionssystems.

Taktunabhängigkeit als Aufbruch in eine humanere Industrieproduktion

Bisher mussten Arbeitspakete entsprechend einer einheitlichen Taktzeit gestaltet werden. Diese Einschränkung entfällt bei der Matrix- Produktion. Ihre Taktunabhängigkeit erlaubt es, den Arbeitspaketen praktisch beliebige Umfänge zuzuweisen. Eine zeitliche Synchronisation der Prozesszeiten ist nicht mehr erforderlich bzw. wird ohne planerische Eingriffe von der digitalen Produktionssteuerung übernommen. Primär bedeutet dies eine Auflösung der einheitlichen Taktzeit.

Den individualisierten Arbeitszellen ist es nun möglich, in unterschiedlichen Geschwindigkeiten zu arbeiten. Dabei dürfen sich die Arbeitsgeschwindigkeiten auch dynamisch verändern (z.B. bei auftretenden Störungen). Im Fazit wird die Mensch-Maschine-Relation der herkömmlichen Fließbandarbeit aufgelöst: Der Produktionsfluss richtet sich nun nach dem arbeitenden Menschen, der entsprechende arbeitsgestalterischen Freiheiten erhält, wie beispielsweise selbst über seine Leistungsgeschwindigkeit oder Pausen zu bestimmen.

Die Steuerungslogik der Matrix gleicht dynamische, unvorhersehbare Schwankungen der individualisierten Taktzeiten aus. In einer Matrixproduktion stellen Arbeitszellen individuelle Subsysteme dar, die auf ihrer Sub-Ebene autonom agieren können. Es resultiert eine faktische Entkoppelung und Unabhängigkeit der einzelnen Arbeitszellen vom Gesamtsystem. Dennoch handelt es sich auf Makroebene weiterhin um eine Fließfertigung, die aber wegen ihrer Befreiung vom starren Takt nicht nur sehr flexibel auf Mitarbeiterbedürfnisse reagiert, sondern durch die vorhandene Redundanz bei loser Verkettung im Prozess ebenfalls Stau- und Wartezeiten reduziert bzw. vermeidet. Simulationsexperimente haben gezeigt, dass eine Auslastung von 100% möglich ist. Diese innovative Art der Fließfertigung ermöglicht die Harmonisierung von menschlichen Bedürfnissen mit hoher Produktionseffizienz.

Als neue Wege für industrielle Fließmontage werden die Aufhebung der Taktbindung, das Durchbrechen der Einlinigkeit und Montageinseln für Gruppenarbeit seit langem gefordert. Durch ihre immanente Dynamik und das weit reichende Flexibilitätsspektrum können mit der Matrixproduktion solche Forderungen erfüllt und arbeitswissenschaftliche Vorgaben sehr weitgehend realisiert werden. Die Auflösung der Mensch-Maschine-Relation befreit den arbeitenden Menschen vom fremdbestimmten Zeitdruck und ermöglicht die Integration weiterer humaner Aspekte ohne Reduktion der Wirtschaftlichkeit.

Der Leitstand als Systemsteuerung

Für die Verknüpfung von Arbeitszellen in der Produktion stellen Produktionsleitsysteme die zentrale Recheneinheit für die Schnittstellen dar. Ihre Daten sind auch für die Planungsebene verfügbar, die damit die erforderlichen Rückmeldungen aus der Produktion bezieht wie z.B. Anlagenstatus und/oder Produktionsfortschritte. So kann über das Leitsystem auf der taktischen Ebene ein optimaler Ressourceneinsatz geplant und auf der operativen Ebene realisiert werden. Nachteil eines Leitstandes ist, dass ein kurzer Ausfall dieser Prozesssteuerungsebene sich umgehend auf die Fertigung auswirkt. Die Anforderungen an die Ausfallsicherheit und Erreichbarkeit dieses Systems sind daher sehr hoch zu setzen.

Bezogen auf die Steuerung einer Matrix-Produktion ist das Leitstandprinzip mit seiner zentralen Bündelung und Auswertung aller Informationen besonders interessant. Ohne Koordinierung des gesamten Auftragsbestandes und der vorhandenen Arbeitszellen ist es kaum möglich, eine volle Auslastung des Produktionssystems zu garantieren. Dafür ist eine genaue Kenntnis der aktuellen Systemkonfiguration und der Verteilung der Arbeitsaufträge notwendig. Nur unter Berücksichtigung aller im System befindlichen Produkte lassen sich die vorhandenen Produktionskapazitäten jedem Arbeitspaket optimal zuordnen.

Ein Leitstand zeichnet sich dadurch aus, dass alle notwendigen und verfügbaren Informationen hier zusammenlaufen. Damit verfügt er permanent über weitreichende Daten zur Bewertung und Kontrolle des aktuellen Systemstatus. Dies beinhaltet sowohl die Informationen zu allen Arbeitszellen als auch zu allen Produkten im System und ihrem jeweiligen Bearbeitungsstatus. Die stete Datenauswertung im Leitstand ermöglicht die äußerst flexible Koordinierung der Arbeitsaufträge. Die Steuerung muss in jedem Fall die Arbeit zur verfügbaren Kapazität gewichten.

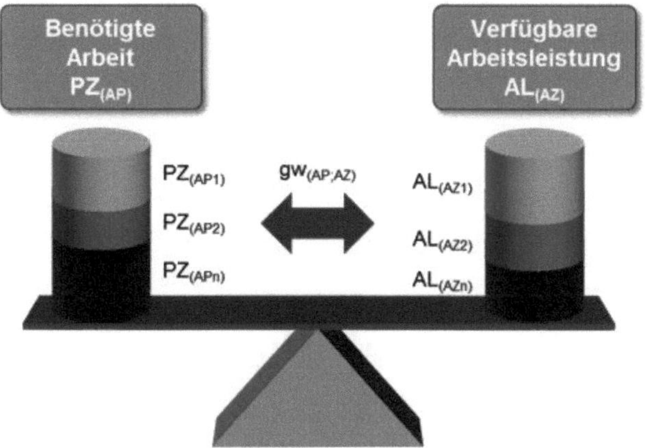

Zentral ermittelte Gewichtung der Arbeit zur verfügbaren Kapazität

Es lassen sich unterschiedlich wirksame Ausprägungen von Leitstandsteuerungen entwickeln, je nachdem, auf wie weit detaillierte Systemdaten die Steuerung zugreifen kann bzw. soll. Im Prinzip geht es hier um die Ausprägung, wie weit die jeweilige Steuerungslogik einzelne Auslegungsschritte re-konfigurieren kann oder als statisch konstant bewertet. Die drei wesentlichen Steuerungslogiken mit unterschiedlichen Ausprägungen sind:

- Weiterleitungsquote (WQ)
- Gewichtungsquote (GQ)
- Regelquote (RQ)

Jede dieser Steuerungen greift unterschiedlich weit in die Systemkonfiguration ein. Als Ergebnis wird eine Quote ermittelt, anhand derer der tatsächliche Transportauftrag ausgelöst wird.

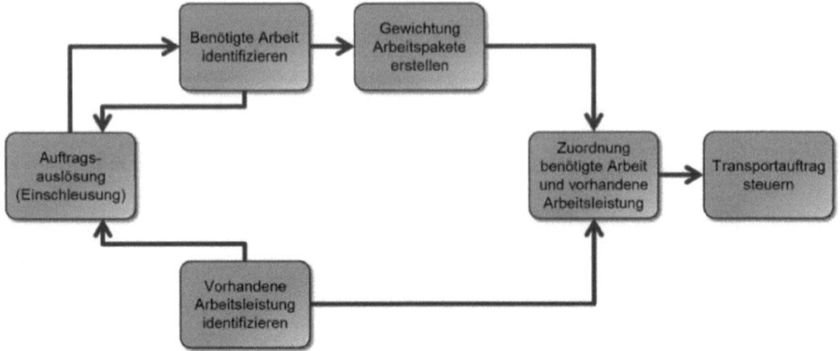

Aufgaben des Leitstandes

Es zeigt sich, dass unterschiedlich weit reichende Regelkreise entstehen. Die Steuerung der Transportaufträge kann zusätzlich durch weitere Parameter und Abfragen detailliert werden. Das Vorgehen der einzelnen Steuerungslogiken zur Bestimmung der Gewichtung oder Priorisierung der unterschiedlichen Werte ist analog zur statischen Auslegung zu sehen.

Als Grundlage für das neue Produktionssystem wird eine spezifische Auslegungsmatrix entwickelt und eine Gewichtungsmatrix daraus abgeleitet, sie definiert das Vorgehen. Aus der Gewichtungsmatrix lässt sich direkt ableiten, welche Arbeitszelle wie oft welches Arbeitspaket auszuführen hat. Eine einfache Steuerungsmethode, die sich nach dieser Gewichtung richtet, ist die sogenannte Gewichtungsquote. Eine statische Umsetzung der Auslegungsmatrix bzw. der Gewichtungsmatrix stellt die Weiterleitungsquote dar. (Zur Methodik und Erstellung aller relevanten Matrizen und Rechenoperationen siehe "Matrix-Produktion als Konzept einer taktunabhängigen Fließfertigung" 2016, P.I. Greschke). Je nach gewählter Auslegung der Matrix ergeben sich weitere, spezifische Steuerungslogiken.

Eine Steuerung als digitaler Leitstand ermöglicht die erforderliche Flexibilität für Produktionsbedingungen, die auch die menschliche Arbeitsleistung bzw. –Belastung in den Fokus nimmt und sich ihr anpasst, ohne dass es zu Störungen in der Produktion kommt. Die Auslegung/Entwicklung der jeweiligen Matrix-Ebene und ihre Datengewichtung entscheiden maßgeb-

lich über den Nutzen der digitalen Potentiale für eine innovative Produktion.

Warum die Matrix-Produktion die Industrie 4.0 braucht

Um die Matrix-Produktion den schon bekannten Strukturtypen von Materialflusssystemen zuordnen zu können, ist es angebracht, einen gewissen Dualismus zwischen physischem und funktionstechnischem Aufbau heranzuziehen. So handelt es sich bei dem physischen Aufbau der Matrix-Produktion um eine Netzstruktur, in der alle Arbeitszellen miteinander verbunden sind. Diese Verbindungen sind allerdings nur Optionen. Die tatsächlichen Transportbewegungen ergeben in ihrem Funktionsschema eine Linienstruktur mit Bypässen und das reale, zu einem bestimmten Zeitpunkt vorherrschende Funktionslayout entspricht dann einer gerichteten, nicht zyklischen Linienstruktur.

Insofern kann bei der Matrix-Produktion auch von einer zeitlich dynamischen Linienstruktur gesprochen werden. Je nach Systemstatus passt sich die Konfiguration den aktuellen Gegebenheiten an. Zusätzlich ist in der Matrix-Produktion auch die Selbstzuweisung vorgesehen, wobei ein Transportauftrag aus einer Zelle heraus direkt in den eigenen Puffer erfolgt.

Zusammengefasst verfügt die Struktur der Matrix-Produktion im Vergleich zur herkömmlichen Montagelinie über zwei wesentliche zusätzliche Eigenschaften:

- Zeitlich dynamisch
- Mehrfach redundant

Dadurch handelt es sich beim physischen Aufbau um eine Netzstruktur, die je nach Anzahl der zugeordneten Arbeitspakete pro Arbeitszelle mehrfach redundant vorhanden ist. Unter Einbeziehung des Zeitfaktors ergibt sich im Grunde ein erweitertes

Bild der Netzstruktur und so lässt sich die Matrix-Produktion als **mehrfach-redundante alternierende Netzstruktur** verstehen.

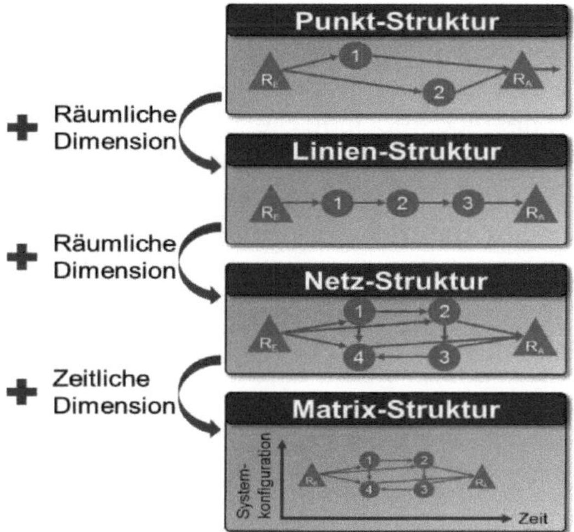

Dimensionen des Materialflusses in der Matrix-Produktion

Ein wirkliches Gesamtbild der Matrix-Struktur lässt sich nur in seiner zeitlichen Abfolge und mit seinen Wandlungen vollständig ausdrücken. Bei lediglich der Betrachtung eines einzelnen, zeitlich definierten Momentes, reduziert sich das Materialflusssystem auf die bekannten Netzstrukturen. Das resultierende Layout ergibt sich ebenfalls nur für einen konkreten Zeitpunkt und spiegelt dann den Liniencharakter der Matrix-Produktion wieder.

Die Art des Flusses (Pull- oder Push-Prinzip) in der Matrix-Produktion ist logischerweise so flexibel und veränderbar wie das gesamte Produktionssystem. Betrachtet man die einzelne Arbeitszelle als Subsystem, so ist eine klare Pullbeziehung zwischen Puffer und Zelle vorhanden. Wenn die Bearbeitung eines Produktes in der Zelle abgeschlossen ist, zieht dieses beim Verlassen der Zelle das folgende im Puffer befindliche Produkt hinter sich her. Wenn das Produkt, das die Arbeitszelle verlassen hat, die nächste Zelle ansteuert, beschreibt es dagegen eine Pushbewegung. Es wird sozusagen in das Matrix-System

„zurückgedrückt" bzw. in den Puffer der folgenden Zelle einge-schleust.

Entsprechend schleust das Gesamtsystem auch die fertig gestellten Produkte im Pushverfahren aus. Die Art der Einschleusung hingegen kann variieren und hängt vom gewählten Verfahren zur Auftragsfreigabe ab. Eine bestandsregelnde Steuerung könnte dem Pullprinzip entsprechen, während eine taktgebundene Einschleusung immer nach dem Pushpinzip erfolgt. Die **Fehler! Verweisquelle konnte nicht gefunden werden.**veran-schaulicht die Zusammenhänge.

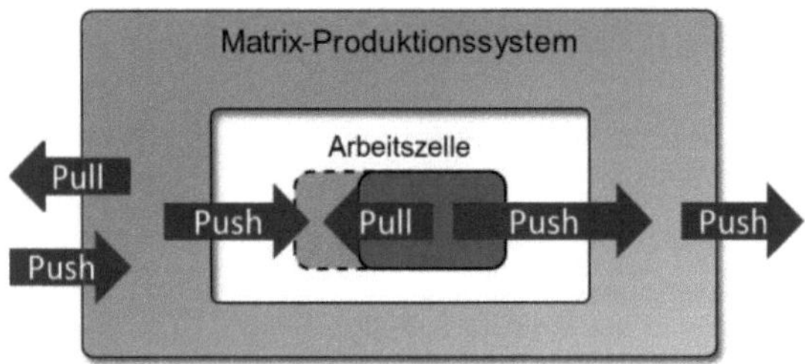

Flussstärke der Matrix-Produktion

Die Flussintensität fällt bei der Matrix-Produktion dementsprechend ungleichförmig aus. Je nach gewählter Konfiguration kann die Matrix-Produktion ein rhythmisches oder unrhythmisches Verhalten aufweisen. Aufgrund der durchgeführten Simulation des Konzeptes ist anzunehmen, dass sich bei einem von äußeren Einflüssen ungestörten System ein zyklisches Systemverhalten herausbildet.

Die Struktur der Matrix-Produktion lässt sich nicht bloß ein- oder zweidimensional verstehen, sie enthält als Merkmal immer auch den zeitlich dynamischen Aspekt. Darum ist sie auf die schnellen Rechenoperationen einer digitalen Steuerung angewiesen. Hier werden die Möglichkeiten der Industrie 4.0 sinnvoll ausgenutzt.

Rahmenbedingungen der exemplarischen Umsetzung

Der Fokus der durchgeführten simulativen (digitalen) Umsetzung der Matrix-Produktion lag auf der Wirtschaftlichkeitsbetrachtung. Ziel war eine Validierung der Wirtschaftlichkeit der Matrix-Produktion in Relation zur getakteten Linienfertigung anhand realitätsnaher Daten. Dafür wurde die synchronisierte Linie einer Vormontage eines deutschen OEMs der simulierten Matrix-Produktion gegenüber gestellt. Die in dieser Veröffentlichung verwendeten Daten entsprechen nicht der realen Produktion, sondern sind dieser nur in relativen Bezügen nachempfunden.

Im Rahmen der Untersuchungen wurde eine reduzierte Anzahl von 6 unterschiedlichen Varianten betrachtet. Diese ergeben sich im Wesentlichen durch unterschiedliche Antriebsvarianten aus den Kategorien Ottomotor, Dieselmotor, Elektromotor und Hybridantrieb in teilweise verschiedenen Ausführungen. Entscheidend sind die resultierenden unterschiedlichen Prozesszeiten. Jede Variante durchläuft wegen der Linienanordnung der hier betrachteten Vormontage zwangsläufig sämtliche Arbeitszellen, wird jedoch nicht in jeder Zelle bearbeitet.

Um die Vergleichbarkeit der Matrix-Produktion mit der konventionellen Linienfertigung der betrachteten Vormontage zu gewährleisten, wurde diese unter identischen Rahmenbedingungen konzipiert und entsprechend simuliert. Der Aufbau der Matrix-Produktion erfolgte allerdings nach einer eigens entwickelten Planungssystematik.

Kriterien für den Aufbau der Matrix sind die oben beschriebenen Aspekte sowie der Flächenbedarf. Anforderungen und Restriktionen hinsichtlich Produkt und Arbeitszellen und die erforderlichen Rechenschritte bzw. Relationsgewichtungen sind in "Matrixproduktion als Konzept einer taktunabhängigen Fließfertigung" detailliert dargestellt.

Der **monetäre Vergleich** zwischen Matrix-Produktion und dem Referenzsystem Linienfertigung zeigt, dass die Matrix-Produktion nicht nur die Anforderung einer gleichen Wirtschaftlichkeit wie die bestehende Linienfertigung erfüllt, sondern sich als deutlich wirtschaftlicher herausstellt.

Gegenübergestellt wurden Kapitalwerte, Umsatzerlöse, Kosten für Betriebsmittel, Energie, Transporthilfsmittel, Materialbestand, Personal, Wartung, System-Anlauf, unfertige Erzeugnisse, einmalige Strukturierung und Verwaltung.

Haupttreiber für dieses Ergebnis sind die geringeren Kosten für Betriebsmittel und Personal. Aufgrund der höheren Auslastung waren die Einsparungen beim Personal (bei gleichbleibender Ausbringung) zu erwarten. Die Einsparungen bei den Betriebsmitteln waren dagegen nicht zwangsläufig vorhersehbar, denn durch die redundante Anordnung der Arbeitsinhalte sind entsprechend auch die Betriebsmittel mehrfach vorzusehen. Daher wurde erwartet, dass mehr Betriebsmittel für die Matrix-Produktion vorhanden sein müssten als bei der Linie. Dies wird jedoch kompensiert durch die Synergien der Mehrfachbenutzung derselben Betriebsmittel für unterschiedliche Arbeitspakete, z.B. durch Nutzung gleicher Bauteile.

Ausschlaggebend für das überraschend positive Ergebnis dieser Untersuchung ist die erhöhte Auslastung des Gesamtsystems. Für dieselbe Ausbringung wie im Referenzsystem benötigt die Matrix-Produktion deutlich weniger Arbeitszellen und entsprechend reduziert sich die Anzahl an Personal und Betriebsmitteln. Die optimierte Zuordnung der Betriebsmittel anhand der Betriebsmittel-Zuordnungsmatrix unterstützt dieses und die Einsparungen bei Betriebsmitteln fallen prozentual sogar stärker aus als beim Personal.

Neben der monetären Wirtschaftlichkeitsbewertung wurden auch jene "weichen" Aspekte untersucht, die in der

Investitionsrechnung nicht oder nur unzureichend abbildbar sind.

Nutzwertvergleich

Es ist davon auszugehen, dass die Matrix-Produktion insbesondere in den „weichen" Faktoren der klassischen Linie überlegen ist. Dies resultiert im Wesentlichen aus der gesteigerten Flexibilität, die sich auf unterschiedlichste Bereiche auswirkt. Über eine Nutzwertanalyse sollen auch diese Aspekte mit in die Gegenüberstellung aufgenommen und bewertet werden.

Untersucht wurde das folgende Zielsystem mit den Oberzielen Marktflexibilität, Produktionsbetrieb, Logistik, Planungsaufwand und Mitarbeiter, sowie deren angegliederte Unterziele.

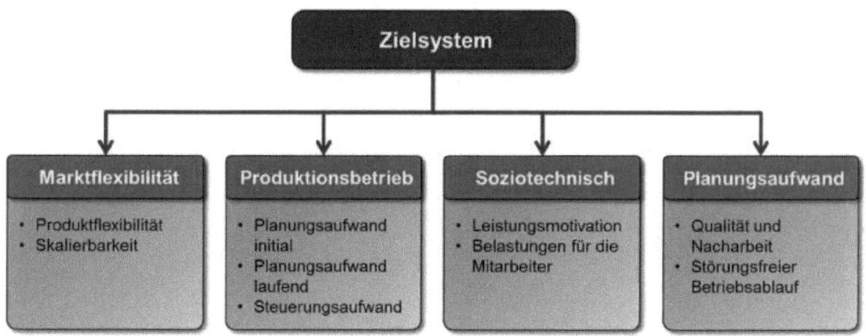

Auflistung und Zuordnung der Zielkriterien für die Nutzwertanalyse

Als Zielkriterien wurden die beschriebenen Bedingungen des ökonomischen Umfeldes fokussiert. Zusätzlich wurden soziale Kriterien mit aufgenommen, die zwar mit weiterführenden Methoden prinzipiell monetär ausgedrückt werden könnten, deren Werte hier jedoch schon deshalb nicht ermittelt wurden,, weil das Referenzsystem der taktgebundenen Linienfertigung diese Werte nicht berücksichtigt.

Entsprechend der einzelnen Aspekte und deren jeweiliger Umsetzung in der Linie wurden in der untersuchten Matrix-Produktion solche Gewichtungen und Bewertungen gewählt, die sich an bestehende Anforderungen der realen Fahrzeugfertigung nahe anlehnten. Darüber hinaus wurden die Simulationen unter Berücksichtigung der ganz oben formulierten Erkenntnisse der Arbeitswissenschaften durchgeführt.

Mit 85% liegt der Nutzwert weit über den rund 35% der Linie. Insbesondere die hohe Flexibilität und eine bedeutende Entlastung einer auch leistungs-heterogenen Belegschaft zeichnen die Matrix-Produktion aus. Für zukünftige Prozessoptimierungen bietet sie mit ihrer Möglichkeit der Realisierung von Verbesserungen im laufenden Betrieb noch weiteres erhebliches Umsetzungspotential.

Das Ergebnis der Nutzwertanalyse zeigt, dass die Matrix-Produktion gerade bei Betrachtung der weichen Faktoren einer Linienfertigung deutlich überlegen ist.

Bewertung der Matrix-Produktion

Unter Beachtung der in den ersten Kapiteln formulierten Bedingungen war es Ziel dieser Arbeit, ein Produktionskonzept zu entwerfen und erläutern, dass stabil gegenüber aktuellen aber auch zukünftigen Anforderungen aufgestellt ist und gleichzeitig in seiner Wirtschaftlichkeit den aktuellen Montagesystemen der Automobilindustrie nicht nachsteht. Die Auswertung der zugrunde liegenden exemplarischen (simulativen) Umsetzung und deren Vergleich zur Linienfertigung zeigten, dass das vorgestellte Konzept Ziele erreicht, die noch über die erwarteten Potenziale bei Wirtschaftlichkeit und Arbeitsbedingungen hinausgehen.

Im Anwendungsbeispiel der Vormontage erweist sich, dass die Umsetzung als Matrix-Produktion sowohl die primären Bedingungen einer maximalen Flexibilität in einer wirtschaftlichen Massenfertigung nachkommt, als auch die Bedingung soziotechnischer Verbesserungen erfüllt. Die gewählte Herangehensweise, durch die Auflösung der einheitlichen Taktzeit die Prozessflexibilität maßgeblich zu erhöhen, ermöglicht die deutlich verbesserte Produktflexibilität und Skalierbarkeit.

So konnten in der durchgeführten exemplarischen Umsetzung alle 6 verschiedenen Varianten in einer Fließfertigung nach Matrix-

Konzept ohne resultierende Taktzeitspreizungen gefertigt werden. Damit kann die Matrix-Produktion der ursprünglichen Forderung nach einer möglichst hohen Marktflexibilität voll entsprechen.

Die Wirtschaftlichkeit der Matrix-Produktion ergibt sich weitestgehend aus der eingesparten Wartezeit, die in der Linienfertigung durch die verschiedensten Formen der Taktzeitspreizungen hervorgerufen wird. Im Falle der betrachteten Vormontage zeigte sich, dass durch die erhöhte Auslastung die Personalkosten reduziert werden konnten, aber auch Einsparungen bei Flächenbedarf und Betriebsmitteln resultierten, obwohl zunächst angenommen worden war, dass wegen der redundanten Anordnung der Arbeitspakete und umfangreicher Transportwege diese Bedarfe zunehmen würden. Stattdessen bewirkten die Einsparungen an Arbeitszellen, die sich aus der höheren Auslastung ergaben und die angewendete Gruppenarbeit eine Reduktion der benötigten Fläche und Betriebsmittel.

Die soziotechnischen Verbesserungen, die eine Matrix-Produktion bewirken kann, sind im Vergleich zum aktuellen Stand in Fließfertigungen extrem vielversprechend. Ihre Potentiale und Auswirkungen jetzt schon im vollen Umfang endgültig zu bewerten, ist kaum möglich. So kann die Matrix-Produktion Arbeitsbedingungen in der Fließfertigung schaffen, die denen der indirekten Bereiche (Verwaltung, Entwicklung, Controlling usw.) nahe kommen.

Taktzeiten können sich den Mitarbeitern individuell anpassen. Mit Blick auf den als Rahmenbedingung identifizierten demographischen Wandel lässt sich damit eine vollständige Inklusion leistungsgewandelter Mitarbeiter erreichen und ihre für die Produktion relevanten Kenntnisse und Fertigkeiten bleiben für den Betrieb erhalten. Daraus resultiert ein deutlicher Vorteil für den Standort Deutschland. Darüber hinaus ergeben sich noch weiterreichende Aspekte, die in westlichen Hochlohnstandorten für die Produktion von Vorteil sind.

Die Matrix-Produktion erlaubt es, dass ein Mitarbeiter selbstbestimmt seine Arbeitsweise und Leistung beeinflussen kann, anstatt vom Maschinentakt dirigiert zu werden. Damit kann ein Montagemitarbeiter die eigene Arbeitsleistung unmittelbar erfahren, Verbesserungen wirken sich direkt auf seine Arbeit aus und werden positiv erlebt. Somit werden Voraussetzungen und Motivation geschaffen, neben der physischen Arbeitsleistung auch die geistige Innovationskraft zu mobilisieren, was bisher in europäischen und amerikanischen Produktionsstandorten verglichen zu asiatischen (insbesondere japanischen) Standorten schwierig war. In Kombination mit anpassbaren Anreizsystemen, für die die Matrix-Produktion viele Möglichkeiten bietet, lassen sich hier direkte Vorteile für westliche Hochlohnstandorte mit gut qualifizierten Mitarbeitern generieren.

Die Untersuchungen verdeutlichten aber auch, dass die **spezifische Auslegung** einer Matrixproduktion maßgeblich die **resultierenden Eigenschaften** beeinflusst. Im Gegensatz zur Auslegung einer klassischen Linie sind hier weitaus mehr Parameter zu berücksichtigen. Insbesondere sind solche Parameter bei der Planung zu berücksichtigen, die vorher keine Rolle spielten, weil sie kaum beeinflussbar waren. Dies betrifft zum Beispiel Rahmenbedingungen zur Variantenflexibilität, Skalierbarkeit oder Stabilität. Eine vorausschauende Festlegung und Berücksichtigung führt zu einer außerordentlich zukunftsstabilen Auslegung der Matrix-Produktion. Im Rahmen von langfristigen Planungen werden diese Parameter zunehmend Bedeutung erlangen.

Die folgende Tabelle stellt die wesentlichen Vor- und Nachteile der Matrix-Produktion als Ergebnis der exemplarischen Umsetzung gegenüber. Die Darstellung ist einer praktischen Produktionsplanung und –Steuerung nachempfunden. Es wurde eine anwenderspezifische Unterteilung gewählt. Als Referenzsystem dient weiterhin die Linienfertigung:

Bereich	Vorteile	Nachteile
Programm-planung	• Einfache Verteilbarkeit des Produktionsvolumens (auch variantenspezifisch) zwischen den Standorten	

Bereich	Vorteile	Nachteile
Werks-planung	<ul><li>Einfache Erweiterbarkeit des Produktionsspektrums</li><li>Fließende Produktionsanpassung an neue Produkte</li></ul>	<ul><li>Einführung neuer Produktionskennzahlen nötig</li></ul>
Programm-steuerung	<ul><li>Keine Einschleusesequenzierung notwendig</li><li>Freie Skalierbarkeit des Variantenmixes</li><li>Stufenlose Skalierbarkeit der Ausbringungsmenge</li></ul>	
Industrial Engineering	<ul><li>Arbeitspakete können unabhängig von einer einheitlichen Taktzeit gestaltet werden</li><li>Möglichkeit der arbeitspaketübergreifenden Mehrfachbelegung von Betriebsmitteln</li></ul>	<ul><li>Auslegung der Produktion ist aufwändig und kompliziert (ohne Softwareunterstützung nicht möglich)</li></ul>
Serien-planung	<ul><li>Einsparung von Prozesszeit oder zusätzliche Arbeitsinhalte erfordern keine Re-Synchronisation der Arbeitspakete</li><li>Eliminierung von Wartezeit (Taktzeitspreizung) findet systembedingt automatisch statt</li><li>Individuelle Gestaltung der Arbeitszellen möglich</li></ul>	<ul><li>Systemverhalten ist nur computergestützt zu analysieren („Go and See"-Prinzip ist teils schwer anwendbar)</li><li>Automatische Bereitstellung von Verbauinformationen in der Montage erforderlich</li></ul>
Meister	<ul><li>Mitarbeiteranzahl kann variieren ohne die Auslastung zu reduzieren</li><li>Unerwartetes Fehlen von Mitarbeitern führt nicht zum Ausfall der Produktion</li><li>Keine Planung von Springern notwendig</li><li>Objektive Bewertung einzelner Mitarbeiter möglich</li></ul>	<ul><li>Abläufe in der Montage nur computergestützt nachvollziehbar</li></ul>

Bereich	Vorteile	Nachteile
	• Schulung der Mitarbeiter im laufenden Montagebetrieb möglich	
Montagemitarbeiter	• Möglichkeit Mitarbeiter-individueller Taktzeiten • Inklusion leistungsgewandelter und älterer Mitarbeiter in reguläre Montagetätigkeiten • Produktionsfluss richtet sich nach der Leistungsabgabe des Mitarbeiters (kein Schwimmen) • Psychische Entlastung, da Störungen (Fehlleistungen) sich nicht auf die restliche Produktion auswirken • Autonome Gruppenarbeit möglich (Mitarbeiter können Prozesse und Arbeitszellen selber gestalten) • Eigene Leistung (erbrachte Prozessoptimierungen) direkt erfahrbar, daher Identifizierung mit eigener Leistung • Persönliche Verteilzeit beliebig wählbar • Abwechslungsreiche Tätigkeiten	• Mögliche höhere Leistungsdichte • Qualifikation der Mitarbeiter für mehrere Arbeitspakete notwendig
Instandhaltung	• Schadensbedingte und daher günstige Instandhaltung möglich • Instandhaltung während des Betriebs möglich • Keine Sonderzeiten zur Instandhaltung notwendig	
Prozessoptimierung	• Verbesserungen lassen sich im laufenden Betrieb implementieren und erproben, sie wirken sich unmittelbar aus	• Verschwendungsarten müssen neu bewertet werden, da beispielsweise die Verschwendung Transport durch die Reduzierung der

Bereich	Vorteile	Nachteile
	• Mitarbeiter können sich aufgrund der Taktunabhängigkeit selbstständig Freiräume für die Erprobung von Verbesserungen schaffen • Internes Best-Practice (Mitarbeiter können sich gegenseitig schulen)	Verschwendung Wartezeit relativiert wird
Qualitäts-sicherung	• Qualitätsprüfungs- und Nacharbeitszellen jederzeit direkt anfahrbar • Nacharbeit prinzipiell direkt an der Montagestation möglich, spätere Demontage nicht nötig	• Fehlerverursachende Arbeitszelle nur computergestützt zu ermitteln
Entwicklung	• Produktänderungen ohne umfassende Auswirkungen auf die bestehende Produktion möglich	• Es empfiehlt sich eine betriebsmittelangepasste Entwicklung der Bauteile

Tabelle: Vor- und Nachteile der Matrix-Produktion

Zusammenfassend zeigt sich, dass die konstante Vereinfachung und kritiklose Anwendung der Planungsregeln im Sinne des TPS die zunehmende Komplexität von Produkt und Markt nicht mehr abbilden kann. Das Konzept der Matrix-Produktion geht differenzierter vor. Hier wird ein System aufgebaut, das im Detail vergleichsweise extrem komplexe Strukturen und Funktionsweisen aufweist. Daher lässt sich das Konzept der Matrix-Produktion vollständig nur durch seinen zeitlich dynamischen Charakter abbilden. Die Komplexität, die im Grunde nichts anderes ist als die produktionsseitige Abbildung von Produkt und Marktflexibilität, wird bei der Matrix-Produktion durch computergestützte Steuerungen kompensiert. Als Konsequenz aus den neuen Produktions-anforderungen werden die Einfachheit und Übersichtlichkeit von bislang angestrebten TPS-Prinzipien gezielt abgelegt.

Nach einmaligem Aufbau und Auslegung der Matrix-Produktion sind die verbleibenden Planungstätigkeiten allerdings umso einfacher. Das System kann sich dem Anwender entsprechend anpassen, seien es Montagemitarbeiter, Serienplaner oder Programmsteuerer. Verbesserte Prozesse wirken sich sofort positiv aus. Der Planer ist nicht mehr gezwungen, eine Umverteilung vorzunehmen, um eingesparte Fertigungszeit wirksam werden zu lassen. Jeglicher Synchronisierungsaufwand, auf dem das TPS beruht, ist überflüssig. Konsequenterweise müssten sogar alle Tätigkeiten zur Synchronisierung von Prozessen fortan als nicht wertschöpfend und somit als Verschwendung betrachtet werden.

Beide Aspekte, die gesteigerte Auslastung innerhalb einer Fließfertigung und die deutlich erhöhte Flexibilität, widerlegen den behaupteten Widerspruch zwischen Massenfertigung und Flexibilität.

Insgesamt erfüllt die Matrix-Produktion die mit der Industrie 4.0 u.a. aufgestellten Anforderungen nach einem vernetzten, sehr flexiblen Produktionssystem inklusive der damit verbundenen Produktflexibilität und Skalierbarkeit. Die Matrix-Produktion ist äußerst stabil gegen unerwartete Störungen und adaptierbar auf Zukunftsentwicklungen. Viele Arbeitsfaktoren sind vom Mitarbeiter beeinflussbar und der immer wieder behauptete Widerspruch zwischen Technik- versus Menschorientierung wird aufgelöst. Als Hauptmerkmal kann gelten, dass innovative Produktionsweisen eben NICHT den Menschen überflüssig machen müssen, sondern dass die Digitalisierung ein hohes Potenzial hat zur humanen Gestaltung neuer Arbeitswelten.

Auswirkung auf die Praxis

Das ungeplante Fehlen von Mitarbeitern führt nicht zu Ausfällen der Produktion. Selbst wenn ein Großteil der Mitarbeiter fehlen sollte (z.B. Schneechaos), ist die Matrix-Produktion produktionsfähig.

Die Einplanung von Springern ist nicht länger erforderlich.

Da die Taktzeiten variieren dürfen, besteht die Möglichkeit, dass Mitarbeiter im laufenden Montagebetrieb geschult werden. (Schulungsstationen im Serienbetrieb sind ebenfalls denkbar)

Das flexible Transportsystem ermöglicht es jederzeit, Produkte auszuschleusen und umzuleiten (z.B. zu Nacharbeitstsstationen).

Erweiterte Notfallstrategien erlauben eine temporäre Aufrechterhaltung der Produktion selbst wenn Bauteile komplett fehlen.

Die Matrix-Produktion ist äußerst stabil gegen unerwartete Störungen. Der Ausfall einer Arbeitsstation (z.B. aufgrund eines defekten Betriebsmittels) wirkt sich nicht negativ auf die restlichen Stationen aus.

Weil die Matrix-Produktion es erlaubt, unterschiedlichste Varianten und Modelle in derselben Mixfertigung zu produzieren, ergeben sich erweiterte Möglichkeiten bei der Aufteilung des Produktionsvolumens zwischen verschiedenen Standorten.

Diese Verteilung kann jederzeit nachfrageorientiert angepasst werden, denn die Matrix-Produktion ist nicht darauf angewiesen, eine variantenspezifische Verteilung einzuhalten.

Darüber hinaus ist die Matrix-Produktion nicht nur in ihrer Variantenverteilung, sondern auch in ihrer Ausbringung voll skalierbar. Entgegen der klassischen Linienmontage kann die Anzahl aktiver Arbeitsstationen variieren, ohne die Auslastung der verbleibenden Stationen negativ zu beeinflussen. Damit kann die Ausbringung in sehr kleinen Einheiten dynamisch skaliert werden. Auf Nachfrageschwankungen kann direkt reagiert werden.

Erwähnt werden muss aber auch, dass wie bei jeder Digitalisierung auch bei der Matrix-Produktion als Risiko die starke Abhängigkeit von computergestützten Systemen besteht. Dies gilt sowohl für die Planung als auch für die Steuerung der Produktion. Sollte entsprechende Software nicht mehr verfügbar sein oder IT-Systeme großflächig ausfallen, ist es aufgrund der hohen Komplexität nicht möglich, auf eine manuelle Steuerung der Produktion zurück zu greifen. Dies betrifft zwar auch die herkömmlichen Systeme, aber im

Matrix-System ist auch die Nachvollziehbarkeit des Produktionsflusses auf technische Hilfsmittel angewiesen, weil räumliche Vorgänger-Nachfolger-Beziehungen wegfallen und die Durchlaufwege dynamisch wechseln.

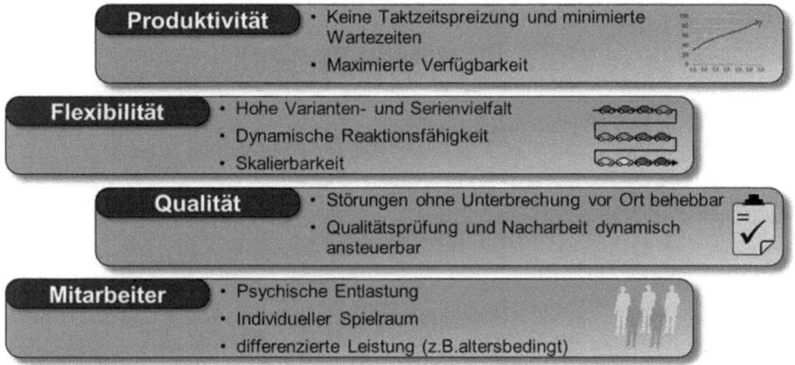

Positive Auswirkungen in der Praxis

Ein Maximum an Ausfallsicherheit und Anpassung an den Menschen wird in der Matrix-Produktion erreicht durch die jederzeit mögliche Entkoppelung von Störungsquellen/ Arbeitszellen.

Vorteile der Matrix-Produktion: Produktivität durch Flexibilität

Entgegen dem geläufigen Verständnis, dass eine maximale Auslastung nur durch die perfekte planerische Synchronisierung aller Prozesse auf eine einheitliche Taktzeit möglich ist, beweist die Matrixproduktion den gegenteiligen Sachverhalt: Eine maximale Auslastung wird erst dadurch erreicht, dass das System sich selbst reguliert. Die Aufrechterhaltung einer einheitlichen Taktzeit ist dabei irrelevant.

Die Flexibilität der Matrix-Produktion liegt neben der Taktzeit- und Reihenfolgeunabhängigkeit vor allem in der optimierten Mixfertigung, Skalierbarkeit und der dynamischen Reaktionsfähigkeit bei Störungen des Systems. Damit können unter hoher Ausfallsicherheit sowohl Wartezeiten als auch Umrüstaufwendungen reduziert werden. Darüber hinaus ist die separate Deaktivierung einzelner Arbeitsstationen ebenso möglich wie die Integration von zusätzlichen Verbauinhalten und Produktionsmodulen.

Jegliche Taktzeitspreizungen können eliminiert werden, ebenso wie auch alle anderen Wartezeiten. Die Matrix-Produktion ermöglicht eine Auslastung von 100% selbst bei unterschiedlichsten oder gar schwankenden Taktzeiten. Die Fähigkeit, sich dynamisch und kurzfristig an unterschiedliche und variierende Prozesszeiten anzupassen, wird durch zwei zentrale Eigenschaften bewirkt: Ein flexibles Transportsystem garantiert, dass alle Arbeitsstationen angefahren werden können. Fahrerlose Transportsysteme können dies sicherstellen.

Außerdem werden möglichst viele Arbeitsstationen so ausgelegt, dass mehrere, auch unterschiedliche Arbeitspakete von einer Station abgearbeitet werden können. Die Anzahl der Stationen, die ein bestimmtes Arbeitspaket ausführen, kann alternierend und dynamisch angepasst werden. Diese redundante Anordnung ermöglicht es der automatischen Steuerung, dynamisch alle Taktzeiten zu kompensieren und eine 100% Auslastung sicherzustellen.

Taktunabhängigkeit bedeutet nicht nur Prozess- sondern auch Mitarbeiter-angepasste Zeiten. Die Matrix-Produktion garantiert jedem Mitarbeiter die Taktzeit, die er persönlich braucht. Dadurch wird die Arbeitsbelastung gesenkt und leistungsgewandelte Mitarbeiter können in die reguläre Montage voll integriert werden. Es resultieren humane Arbeitsbedingungen, die in der Linienmontage technisch nicht realisierbar sind.

Das Konzept der Matrix-Produktion profitiert von kreativen gut ausgebildeten Montagemitarbeitern, da diese ihr Potential in der Matrix-Produktion voll zum Einsatz bringen können. Damit ist die Matrix-Produktion prädestiniert für Hochlohnstandorte.

Potenziale der Matrix-Produktion

Im Zuge der Digitalisierung von Industriearbeit scheinen die Themen Humanisierung der Arbeit und Mitgestaltung nicht mehr aktuell zu sein und die Ermächtigung zu selbständigem bzw. selbstbestimmtem Handeln der Industriearbeiter nicht mehr gefragt. Stattdessen erzeugten die neuen Technologien bei den Herstellern eine Euphorie für voll automatisierte, digital kontrollierte Produktionsweisen, die schon bald möglichst jede menschliche Arbeit in der Massenproduktion ersetzen soll.

Die Beschäftigten scheinen sich in einem Rückzugsgefecht zu befinden, bei dem nur noch resigniert um den Erhalt von Arbeitsplätzen und die Höhe der Entlohnung gestritten wird. Umso dringlicher ist die kluge Kombination von menschlichen Fähigkeiten und den technischen Entwicklungen in der Industrieproduktion. Hier liegt das wichtigste Potenzial der Matrix-Produktion.

Die soziotechnischen Verbesserungen, die eine Matrix-Produktion bewirken kann, sind im Vergleich zum aktuellen Stand in Fließfertigungen extrem vielversprechend. Ihre Potentiale und Auswirkungen jetzt schon im vollen Umfang endgültig zu bewerten, ist kaum möglich. Das neue Produktionssystem kann Arbeitsbedingungen in der Fließfertigung schaffen, die denen der indirekten Bereiche (Administration, Entwicklung usw.) nahe kommen. Taktzeiten können sich den Mitarbeitern individuell anpassen. Mit Blick auf den als Rahmenbedingung identifizierten demographischen Wandel lässt sich eine vollständige Inklusion leistungsgewandelter Mitarbeiter erreichen und ihre für die Produktion relevanten Kenntnisse und Fertigkeiten bleiben für den Betrieb erhalten. Daraus resultiert ein deutlicher Vorteil für den Standort Deutschland. Es ergeben sich darüber hinaus noch weiterreichende Aspekte, die in westlichen Hochlohnstandorten für die Produktion von Vorteil sind.

Die Matrix-Produktion erlaubt es, dass ein Mitarbeiter selbstbestimmt seine Arbeitsweise und Leistung steuern kann, anstatt vom Maschinentakt dirigiert zu werden. So kann ein Montagemitarbeiter die eigene Arbeitsleistung unmittelbar erfahren, Verbesserungen wirken sich direkt auf seine Arbeit aus und werden positiv erlebt. Dadurch werden Voraussetzungen und Motivation geschaffen, neben der physischen Arbeitsleistung auch die geistige Innovationskraft zu mobilisieren. In Kombination mit anpassbaren Anreizsystemen, für die eine Matrix-Produktion viele Möglichkeiten bietet, lassen sich hier direkte Vorteile für westliche Hochlohnstandorte mit gut qualifizierten Mitarbeitern generieren

Die Untersuchungen verdeutlichten aber auch, dass die Art der spezifischen Auslegung einer Matrixproduktion maßgeblich die resultierenden Eigenschaften beeinflusst. Im Gegensatz zur Auslegung einer klassischen Linie sind hier weitaus mehr Parameter zu berücksichtigen. Es sind insbesondere solche Parameter bei der

Planung zu berücksichtigen, die vorher keine Rolle spielten, weil sie kaum beeinflussbar waren. Dies betrifft zum Beispiel Rahmenbedingungen zur Variantenflexibilität, Skalierbarkeit oder Stabilität. Eine vorausschauende Festlegung und Berücksichtigung führt zu einer außerordentlich zukunftsstabilen Auslegung der Matrix-Produktion. Im Rahmen von langfristigen Planungen werden diese Parameter zunehmend Bedeutung erlangen.

Zusammenfassend zeigt sich, dass die konstante Vereinfachung und kritiklose Anwendung der Planungsregeln im Sinne des TPS die zunehmende Komplexität von Produkt und Markt nicht mehr abbilden kann. Das Konzept der Matrix-Produktion geht differenzierter vor. Hier wird ein System aufgebaut, das im Detail vergleichsweise extrem komplexe Strukturen und Funktionsweisen aufweist. Daher lässt sich das Konzept der Matrix-Produktion vollständig nur durch seinen zeitlich dynamischen Charakter abbilden. Die Komplexität, die im Grunde nichts anderes ist als die produktionsseitige Abbildung von Produkt und Marktflexibilität, wird bei der Matrix-Produktion durch computergestützte Steuerungen kompensiert. Dies bedeutet aber nicht, eine Vollautomatisierung anzustreben, die die komplexen menschlichen Fähigkeiten ersetzen soll.

Nach einmaligem Aufbau und Auslegung der Matrix-Produktion sind die verbleibenden Planungstätigkeiten allerdings umso einfacher. Das System passt sich dem Anwender an, seien es Montagemitarbeiter, Serienplaner oder Programmsteuerer. Verbesserte Prozesse wirken sich sofort positiv aus. Der Planer ist nicht mehr gezwungen, eine Umverteilung vorzunehmen, um eingesparte Fertigungszeit wirksam werden zu lassen. Jeglicher Synchronisierungsaufwand, auf dem das TPS beruht, ist überflüssig. Konsequenterweise müssten sogar alle Tätigkeiten zur Synchronisierung von Prozessen fortan als nicht wertschöpfend und somit als Verschwendung betrachtet werden.

Beide Aspekte, die gesteigerte Auslastung innerhalb einer Fließfertigung und die deutlich erhöhte Flexibilität, widerlegen den behaupteten Widerspruch zwischen Massenfertigung und Flexibilität.

Die Matrix-Produktion eröffnet eine Vielzahl von Möglichkeiten und Potenzialen auf Grundlage der erzielten Taktunabhängigkeit.

Fazit

Erst das gedankliche Lösen von bestehenden Produktions-konzepten in Kombination mit einer völlig ergebnisoffenen, jedoch bedarfsorientierten Herangehensweise führte zur Grundidee der Taktunabhängigkeit in einer Fließfertigung. Damit beschreitet das Konzept der Matrix-Produktion einen deutlichen Paradigmen-wechsel zu den etablierten Produktions-grundsätzen, denn es wird mit allgemein akzeptierten Annahmen zur synchronen Produktion gebrochen.

Bei Entwicklung der praxisorientierten Planungssystematik wurde darauf geachtet, anhand von Beispielen und konkreten Planungs-vorgaben die Praxistauglichkeit sicherzustellen. Die exemplarische simulative Umsetzung ergab eine schlüssige Darstellung.

Das bisherige statische Verständnis der Produktionsprozesse wird durch ein variierendes, dynamisches ersetzt. Im Ergebnis zeigt sich, dass erst durch die Dynamik von Prozessen eine tatsächlich voll ausgelastete Produktion ermöglicht wird. Der verfolgte Kerngedanke der Dynamik ist Mitarbeiter- und effizienzorientiert zu verstehen und darauf gründet auch der Bruch mit den bestehenden Systemen.

Die computergestützte Steuerung übernimmt fundamentale Aufgaben der Produktionsplanung, was den Anwender entlastet, jedoch den Systemaufbau zunächst schwieriger gestaltet.

Insofern entspricht das Konzept der Matrix-Produktion in vieler Hinsicht genau den Zeitgeist: Komplexe Algorithmen, ausgeführt und überwacht durch eine entsprechende Recheneinheit, sind die Arbeitsbasis eines Anwenders, der sich fortan auf seine eigentliche Arbeit konzentrieren kann, ohne die genauen Steuerungsparameter kennen zu müssen. Es ist Aufgabe des Computers, sich anzupassen und dem Anwender entgegenzukommen. Dieses Prinzip entspricht fast allen beruflichen oder privaten Softwareanwendungen: Aufwändige Berechnungen und Fleißarbeit werden vom Rechner übernommen.

Warum die Idee einer Taktunabhängigkeit im Rahmen von Fließfertigungen bisher kaum untersucht wurde, könnte eben darin begründet sein, dass bestimmte Kompetenzen oder „Weisungsbefugnisse" gewissermaßen dem Computer überlassen werden, während die Ideen und sehr einfachen Vorgaben des TPS sich zum einen über Jahrzehnte hinweg etabliert haben und zum anderen dessen Imperative leicht zu verstehen und simpel zu befolgen sind.

Die hinterlegten Rechengänge einer Matrixproduktion hingegen sind erheblich schwieriger zu durchdringen und erfordern ein sehr abstraktes Denken. Anstatt nur isolierte konkrete Sachverhalte zu bewerten, wird in der Matrixproduktion die Gesamtheit des Zusammenwirkens im System betrachtet und folglich wird mit Durchschnittswerten und Relationen gearbeitet.

Um ein Matrix-Produktionssystem zu betreiben, ist eine gewisse Rechenleistung Voraussetzung. Gleichzeitig muss ein Transportsystem technisch bereitstehen, das die notwendige Flexibilität aufweist. Betrachtet man diese zwei Voraussetzungen, so lässt sich erkennen, warum das Konzept der Matrix nicht schon früher entwickelt wurde. Die notwendigen Rechensysteme in Kombination mit den zugehörigen Kommunikations- und Datensystemen werden erst seit Neuerem, aktuell insbesondere im Rahmen der Industrie

4.0, fokussiert. Das Konzept der Matrix-Produktion liefert hierzu einen beachtlichen Impuls.

Die Wirtschaftlichkeitsuntersuchung der Matrix-Produktion beweist immerhin, dass mit diesem System neben der Verbesserung von Arbeitsbedingungen und flexibler Produktanpassung gleichzeitig auch betriebswirtschaftliche Kennzahlen positiv beeinflusst werden können. Es ist eine bis zu 100%ige Auslastung in der Fließfertigung erreichbar ohne Zunahme negativer Belastungen bei den Mitarbeitern. Gruppenarbeit und Fließfertigung schließen sich in diesem System nicht aus und durch Vermeidung eines Zwangstaktes der Arbeitsschritte können auch Mitarbeiter mit unterschiedlichem Leistungsvermögen in den Arbeitszellen der Produktion (Montage) beschäftigt werden.

Zwar kann auch die Matrixproduktion kein „Paradies der Industriearbeit" herstellen, sie hat aber das Potential, dem „menschlichen Faktor" die Beachtung zukommen zu lassen, die der arbeitende Mensch verdient. Softwaregestaltung ist als Arbeitsaufgabengestaltung zu verstehen. So sind beispielsweise spezifische System-Konfigurationen zu finden, die das Belastungskriterium „ständig wiederholende Arbeitsvorgänge" so weit wie möglich reduzieren, da es nicht völlig zu vermeiden sein wird.

Dennoch erscheint es sicher, dass die vom Arbeitsschutzgesetz seit 2013 geforderte Gefährdungsbeurteilung hinsichtlich psychischer Belastungen sowie deren Reduktion in der Matrix-Produktion erheblich verbessert wird, wenn von vornherein bei der Auslegung die Aspekte humaner Arbeit beachtet werden.

Die Matrix-Produktion eröffnet im Bereich der Arbeitsorganisation bzw. der Anforderungen von Arbeitswissenschaften umfangreiche Möglichkeiten, die in der Linienfertigung verwehrt sind. Durch die technische Realisierung der Taktunabhängigkeit entstehen extrem weite Spielräume für eine Arbeitsgestaltung, die vorher schlicht nicht gegeben waren. Allerdings dürfen die Gefahren eines Missbrauchs der Matrix-Produktion als Akkordsystem nicht übersehen werden. Zur Vorbeugung könnte die Anonymisierung der Daten aus den Arbeitszellen verpflichtend sein. Empfohlen werden weiterführende

Untersuchungen zum Datenschutz durch arbeitswissenschaftliche Experten und Einbeziehung der Gewerkschaften.

Es liegt an uns selber, was wir aus der Digitalisierung unserer Welt machen. Noch kontrolliert und programmiert der Mensch die Bedingungen. Die unüberschaubaren Möglichkeiten dürfen nicht dazu verführen, alles Machbare auch zu tun. Fortschritt muss und darf sein, aber es gilt, die Kontrolle zu behalten über eine noch so intelligente Technik. Dazu müssen Kapital-interessen gelegentlich zurücktreten hinter die Interessen der Mehrheit der Menschen. Das Konzept der Matrix-Produktion schafft es jedoch, Modernisierung und erhöhte Wirtschaftlich-keit mit den Interessen des arbeitenden Menschen auszu-gleichen. Es beweist, dass wir die digitale Welt kreativ zu unseren Gunsten gestalten können.

Abkürzungen

AP: Arbeitspaket

AZ: Arbeitszelle

BEP: Break-Even-Point

bspw.: Beispielsweise

bzw.:   Beziehungsweise

CO_2:   Kohlendioxyd

DAK: Deutsche Angestellten-Krankenkasse

DIN: Deutsches Institut für Normung

EEG: Erneuerbare-Energien-Gesetz

et al.: und andere

f.:   folgende

FAST: Future Automotive Industry Structure

ff.:   fortfolgende

FTS: Fahrerlose Transportsysteme

F-Zeit: Fertigungszeit

ggf.:   Gegebenenfalls

I4.0   Industrie 4.0 (Forschungsunion)

IGM: Industriegewerkschaft Metall

JIS: Just in-Sequence

JIT: Just in time

KVP: Kontinuierlicher Verbesserungsprozess

min.:   Minuten

MIT: Massachusetts Institute of Technology

MRP: Material Requirement Planning

Nm: Newtonmeter

Nr.:   Nummer

o.g.:   obengenannten

OEM: Original equipment manufacturer (Erstausrüster)

PKW: Personenkraftwagen

PPS: Produktionsplanung und -steuerung

PZ: Prozesszeit

REFA: Verband für Arbeitsgestaltung, Betriebsorganisation und Unternehmensentwicklung

RQ: Regelquote

S.:   Seite

s.o.:   siehe oben

sog.:   sogenannte

Stk: Stück

TK: Techniker Krankenkasse

TPS: Toyota-Produktionssystem

u. a.:   unter anderem

u.v.a.:   und viele Andere

USA: United States of America

v.a.:   vor allem

VDI: Verein Deutscher Ingenieure

vgl.:   Vergleiche

WQ: Weiterleitungsquote

z.B.:   zum Beispiel

ZSB: Zusammenbauteil

Verwendete Literatur

Arnold, D. und Furmans, K. 2008. Materialfluss in Logistiksystemen (VDI-Buch), Warten und Bedienen im Materialfluss, 5. Auflage. Berlin Heidelberg: Springer, 2008.

Bartuschat, M. 1995. Beitrag zur Beherrschung der Variantenvielfalt in der Serienfertigung. Essen: Vulkan, 1995.

Baumann, G.H., et al. 2013. Weiterbildung und Qualifizierung von Mitarbeitern im „rehakritischen Alter" – Welcher Beitrag kann zum Erhalt der Beschäftigungsfähigkeit vor dem Hintergrund des demografischen Wandels geleistet werden? Eine Bestandsaufnahme in der Automobilindustrie. Online-Fachjournal Berufs- und Wirtschaftspädagogik, 2013

Beck, J., Liesenkötter, M. und Teucher, R. 1996. Der Mensch im Industriebetrieb. Opladen: Westdeutscher Verlag, 1996.

Beirne, M. 2007. Empowerment and Innovation. Cheltenham UK: Edward Elgar Ltd, 2007

Bokranz, R. und Landau, K. 2006. Produktivitätsmanagement von Arbeitssystemen, 2. Auflage. Stuttgart : Schäffer Poeschel, 2006.

Braun, M. 2012. Förderung der betrieblichen Wandlungsfähigkeit durch menschengerechte Arbeitsgestaltung. München: Fraunhofer Institut für Arbeitswissenschaft und Organisation, 2012.

Bruder, R. 2013. Nachhaltiger Unternehmenserfolg durch die menschengerechte Gestaltung von Arbeit und Produktion. Frühjahrskongress der Gesellschaft für Arbeitswissenschaft. 27. Februar 2013.

Büttner, R. 2013. In hiring a worker one always hires the whole man - Konzepte zur direkten Beteiligung von Beschäftigten. Vorlesung 18.03.2012.[Hrsg.] Hochschule für Ökonomie und Management. 2013.

Bullinger, H.-J., Warnecke, H.-J. und Westkämper, E. 2003. Neue Organisationsformen in Unternehmen: Ein Handbuch für das moderne Management, VDI-Buch. Berlin : Springer-Verlag, 2003. S. 510 ff

Cisek, R., Habicht, C. und Neise, P. 2002. Gestaltung wandlungsfähiger Produktionssysteme. Zeitschrift für wirtschaftlichen Fabrikbetrieb (ZWF). 2002, S. 441-445.

Deutsche Gesellschaft für Psychiatrie, Psychotherapie und Nervenheilkunde (DGPPN) zusammen mit der Universitätsklinik für Psychiatrie und Psychotherapie Freiburg. 2014. Psychiater fordern mehr Schutz vor psychosozialen Risiken am Arbeitsplatz. Aerzteblatt 10.06.2014

Eberhardt, D. 2010. Human Ressource Management und Strategie, Kultur und Wandel in Organisationen Berlin : Springer, 2010

Egbers, J. 2014. Identifikation und Adaption von Arbeitsplätzen für leistungsgewandelte Mitarbeiter entlang des Montageprozesses. München : Herbert Utz Verlag, 2014.

Ferreira, Y. 2007. Evaluation von Instrumenten zur Erhebung der Arbeitszufriedenheit. Zeitschrift für Arbeitswissenschaft Z. ARB. WISS. 2007, S. 87-94.

Forschungsunion. 2013. Umsetzungsempfehlungen für das Zukunftsprojekt Industrie 4.0 - Abschlussbericht des Arbeitskreises Industrie 4.0. [Online] April 2013. http://www.acatech.de/fileadmin/user_upload/Baumstruktur_nach_

Website/Acatech/root/de/Material_fuer_Sonderseiten/Industrie_4.0
/Abschlussbericht_Industrie4.0_barrierefrei.pdf

Frese, M. 1987. 1987, Gewerkschaftliche Monatshefte 11/87, S. 679-691.

Frieling, E. 2007. Anforderungen an die Konzepte zum Umgang mit dem demografischen Wandel in den Unternehmen. Arbeitsdirektorentagung Berlin 16.10.-17.10.2007. 2007.

Frieling, E., Buch, M. und Wieselhuber, J. 2006. Alter(n)sgerechte Arbeitssystemgestaltung in der Automobilindustrie– die demografische Herausforderung bewältigen. Zeitschrift für Arbeitswissenschaft Z. ARB. WISS. Stuttgart (60) 2006/4, . 2006, S. 213ff.

Fritz, S. 2006. Ökonomischer Nutzen "weicher" Kennzahlen: (Geld-)Wert von Arbeitszufriedenheit und Gesundheit. Zürich: VDF Hochschulverlag AG, 2006.

Gesundheitsreport 2017 Techniker Krankenkasse, Auswertungen zu Arbeitsunfähigkeiten 28.06.2017 https://www.tk.de/tk/broschueren-und-mehr/studien-und-auswertungen/gesundheitsreport-2016/855910

Gesundheitsreport DAK 2016, Hamburg. Immer mehr Beschäftigte leiden an psychischen Störungen. Heidelberg: medhochzwei Verlag GmbH 2016

Grap, R. 1998. Produktion und Beschaffung: Eine praxisorientierte Einführung. München : Vahlen-Verlag, 1998.

Greschke, P. und Herrmann, Ch. 2014. Das Humanpotenzial einer taktunabhängigen Montage - Ein Konzept zur Vereinbarung gesteigerter Wirtschaftlichkeit mit besseren Arbeitsbedingungen. Zeitschrift für wirtschaftlichen Fabrikbetrieb. 2014, Bd. 109, Oktober 2014, S. 687-690.

Greschke, P., et al. 2014. Matrix structures for high volumes and flexibility in production systems. Variety Management in

Manufacturing — Proceedings of the 47th CIRP Conference on Manufacturing Systems. Windsor, Canada 2014, S. 160-165.

Greschke, Peter I. 2016 Matrix-Produktion als Konzept einer taktunabhängigen Fließfertigung, Schriftenreihe des Instituts für Werkzeugmaschinen und Fertigungstechnik der TU Braunschweig, Braunschweig: Vulkan Verlag 2016

Grobe, T. 2014. Gesundheitsreport 2014 – Veröffentlichungen zum Betrieblichen Gesundheitsmanagement der TK(2) , Band 29. [Hrsg.] Techniker Krankenkasse. Hamburg 2014.

Günnel, Thomas, Hommen, Mario 2017. Urbane Mobilität. Automobilindustrie Online-Zeitung 30.5.17

Herrmann, C. 2010. Ganzheitliches Life Cycle Management - Nachhaltigkeit und Lebenszyklusorientierung in Unternehmen. Berlin: Springer, 2010.

Heymann E, Koppel O, Puls T. 2013. Evolution statt Revolution – die Zukunft der Elektromobilität. Forschungsberichte aus dem Institut der deutschen Wirtschaft. Köln: IW Medien GmbH, 2013.

Hünting, W. 1975. Thesen zur Ergonomie und Arbeitsphysiologie. Gewerkschaftliche Rundschau, Vierteljahresschrift des schweizerischen Gewerkschaftsbundes Band 67, Heft 1. 1975.

Jungmann, F. 2011. Wirkung von Arbeitsbelastung auf psychische Belastung. [Hrsg.] Handwerkskammer Bremen. Landesarbeitskreis für Arbeitsschutz Bremen, Vortrag 09.11.2011.

Koren, Y. 2010. The Global Manufacturing Revolution: Product-Process-Business Integration and Reconfigurable Systems. Hoboken : John Wiley & Sons, 2010.

IEA, International Energy Agency. 2011. World Energy Outlook 2011, S. 77 ff. OECD/IEA. [Hrsg.] Paris 2011.

IGM 2010. Fließfertigung, Tipps für den Arbeitsplatz,(Kurzartikel). Fachinformationen zur Arbeitsgestaltung, Nr. 38,. 2010, S. 2-5.

Krampe, H., Lucke, H.-J. und Schenk, M. 2010. Grundlagen der Logistik - Theorie und Praxis logistischer Systeme, Systemtheoretische Grundlagen. Bd. 4. Auflage München : HUSS-Verlag, 2010.

Kropik, M. 2009. Produktionsleitsysteme in der Automobilfertigung. Berlin Heidelberg: Springer- Verlag, 2009.

Kunz, J. und Quitmann, A. 2011. Der Einfluss von Anreizsystemen auf die intrinsische Motivation. Zeitschrift für Personalforschung Nr. 25., 2011

Lotter, B und Wiendahl, H P. 2006. Montage in der industriellen Produktion. Ein Handbuch für die Praxis. Berlin, Heidelberg : Springer, 2006.

Lotter, B. 1994. Manuelle Montage: Planung - Rationalisierung - Wirtschaftlichkeit. Berlin : Springer, 1994.

MHP Management- und IT-Beratung GmbH und Herman Hollerith Lehr- und Forschungszentrum an der Hochschule Reutlingen 2017. Digitale Transformation – Der Einfluss der Digitalisierung auf die Workforce in der Automobilindustrie, MHP Webselte 31.07.2017

Neubert, N. 2013. Return-on-Investment in der Arbeitswissenschaft: Qualitäts- und Produktivitätsverbesserungen durch ergonomische Arbeitsplatzgestaltung (Dissertation). Darmstadt : Institut für Arbeitswissenschaft der TU Darmstadt, 2013.

Oppolzer, A. 2009. Psychische Belastungen in der Arbeitswelt. Berufsgenossenschaft Handel und Warendistribution, 5. Aufl. 2009, S. 7-11.

Otto, Christian, Günnel, Thomas 2017. Digitalisierung. Wer nicht lernt, wird ersetzbar. Automobilindustrie; Online-Zeitung 29.09.17.

REFA 1993. Arbeitsgestaltung in der Produktion. Darmstadt : Carl Hanser, 1993.

REFA 1987. Methodenlehre der Betriebsorganisation. Planung und Gestaltung komplexer Produktionssysteme. München : Carl Hanser Verlag, 1987.

Salm, R. 2008. War der „deutsche Weg der Arbeitsorganisation" erfolglos? Vorurteile und Fakten zur Wirtschaftlichkeit guter Gruppenarbeit in Arbeit und Leistung – gestern und heute. [Hrsg.] H. Wagner. Hamburg : VSA Verlag, 2008.

Salm, R. 2001. Abschied vom Leitbild humaner Gruppenarbeit? Wie antworten die Gewerkschaften auf Tendenzen der Re-Taylorisierung der Arbeit? Frankfurt : TBS Technologieberatungsstelle beim DGB, 2001.

Sandberg, A. 1993. "Volvoism" at the End of the Road? Does the Closing-Down of Volvo's Uddevalla Plant Mean the End of a Human-Centered Alternative to a "Toyotism" ? Actes du GERPISA - numéro 9. 1993, S. 145-159.

Sandberg, Å. 2007. Enriching Production: Perspectives on Volvo's Uddevalla plant as an alternative to lean production. Aldershot : Avebury, 2007.

Sauer, S. und Krogell, T. 2012. Informelles Erfahrungswissen in Arbeits- und Planungsprozessen. Beitrag zur Multikonferenz Arbeitsgestaltung 2012, Arbeit im 21. Jahrhundert, Nürnberg 19.-21.März. 2012.

Schenk, M., Wirth, S. und Müller, E. 2004. Fabrikplanung und Fabrikbetrieb – Methoden für die wandlungsfähige und vernetzte Fabrik. Berlin-Heidelberg : Springer Verlag, 2004.

Schuh G, Brosze T, Meier C. 2012. Gestaltungsaufgaben in der PPS. In: Schuh G, Stich V, editors. Produktionsplanung und – steuerung 1. Berlin-Heidelberg : Springer Verlag, 2012. Bd. 4.

Schuh, G. und Kampker, A. 2011. Handbuch Produktion und Management 1, Strategie und Management produzierender Unternehmen. 2. Berlin Heidelberg : Springer Verlag, 2011.

Schuh, G. und Schwenk, U. 2001. Produktkomplexität managen. München, Wien : Carl Hanser Verlag, 2001.

Schulte, C. 2008. Logistik - Wege zur Optimierung der Supply Chain. Verlag Vahlens, 2008.

Schultheiß, W. 1995. Lean-Management. Expert-Verlag GmbH, 1995. S. 17 ff.

Schulze, L. und Weber, U. 1987. Die Einbindung konventioneller Flurförderzeuge in ein CIM-Konzept. In: Der Betriebsleiter 1987. S. 12-18

Taylor, Frederick W. The principles of scientific management. (Nachdruck der Ausgabe 1911. London: Harper & Brothers). New York: Cosimo, 2006

Ten Hompel, M. und Heidenblut, V. 2011. Taschenlexikon Logistik, Abkürzungen, Definitionen und Erläuterungen der wichtigsten Begriffe aus Materialfluss und Logistik, Reihe Intralogistik, 3. Auflage. Springer-Verlag, 2011.

Ulich, E. 2011. Arbeitspsychologie. Zürich : vdf Hochschulverlag Zürich, 2011.

Ulich, E. und Wülser, M. 2012. Gesundheitsmanagement in Unternehmen, Arbeitspsychologische Perspektiven, 5.Aufl. Wiesbaden : Springer, 2012. S. 30ff.

Vietor, T. und Nehuis, F. 2011. Regionsspezifische Anforderungen an Fahrzeugkonzepte. ZWF Nr. 12., 2011

Wang, W. und Koren, Y. 2012. Scability planning for rconfigurable manufacturing systems. Journal of Manufacturing Systems 31 (2012). 2012, S. 83-91.

Weltbevölkerung, Deutsche Stiftung, [Hrsg.]. 2014. Datenreport 2014 der Stiftung Weltbevölkerung. Hannover, 2014.

Wenzel, R., et al. 2001. Industriebetriebslehre: Das Management des Produktionsbetriebs. Leipzig : Hanser Verlag, 2001. S. 155 ff.

Werkmann-Karcher, B., Rietiker, J. Angewandte Psychologie für das Human Ressource Management. Berlin : Springer, 2010.

Wieland, R., Krajewski, J. und Memmou, M. 2004. Arbeitsgestaltung, Persönlichkeit und Arbeitszufriedenheit. In: Arbeitszufriedenheit. Göttingen : Hogrefe, 2004.

Wildemann, H. 1995. Bedarfssynchrone Beschaffung, 3. Auflage. München : TCW Transfercentrum, 1995

Wüstner, K. 2006. Arbeitswelt und Organisation - ein interdisziplinärer Ansatz. Wiesbaden : Gabler, 2006.

Wyman, Oliver 2012, Future Automotive Industry Structure, FAST 2025-Studie in Materialien zur Automobilindustrie; Bd. 45. Berlin : VDA, Verband der Automobilindustrie, 2012

Zahn, E. und Schmid, U. 1996. Produktionswirtschaft I: Grundlagen und operatives Produktionsmanagement. Stuttgart : Lucius & Lucius, 1996.